U0156044

THE AUSTRALIAN Women's Weekly

MEDITERRANEAN

·悦享生活系列丛书·

DK

地中海饮食

新鲜健康的每日食谱

澳大利亚《澳大利亚妇女周刊》 著

刘琬莹 译

科学普及出版社

·北 京·

著作权合同登记号：01-2022-5025

图书在版编目（CIP）数据

地中海饮食：新鲜健康的每日食谱 / 澳大利亚《澳大利亚妇女周刊》著；刘琬莹译. -- 北京：科学普及出版社，2023.1（2024.5 重印）
（悦享生活系列丛书）
书名原文：Australian Women's Weekly Mediterranean: Fresh, Healthy Everyday Recipes
ISBN 978-7-110-10505-4

Ⅰ. ①地… Ⅱ. ①澳… ②刘… Ⅲ. ①菜谱 Ⅳ. ① TS972.12

中国版本图书馆 CIP 数据核字（2022）第 200343 号

策划编辑 周少敏 符晓静
责任编辑 白 珺
封面设计 中文天地
正文设计 中文天地
责任校对 张晓莉
责任印制 李晓霖

科学普及出版社出版
http://www.cspbooks.com.cn
北京市海淀区中关村南大街 16 号
邮政编码：100081
电话：010-62173865 传真：010-62173081
中国科学技术出版社有限公司发行
惠州市金宣发智能包装科技有限公司印刷
开本：889mm × 1194mm 1/16
印张：12 字数：160 千字
2023 年 1 月第 1 版 2024 年 5 月第 2 次印刷
ISBN 978-7-110-10505-4 / TS · 147
定价：98.00 元

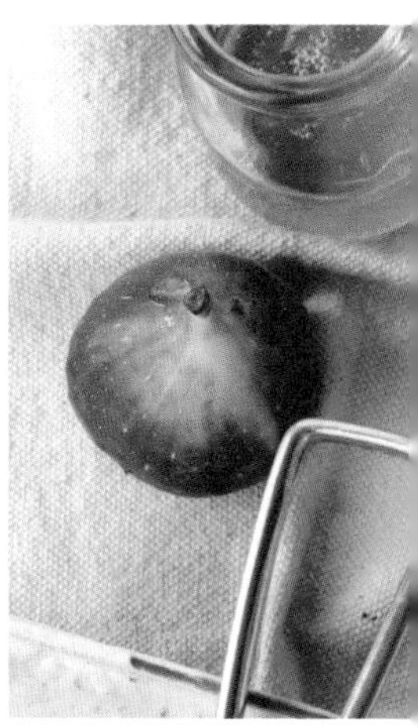

目录

地中海生活

地中海饮食样式繁多、风味各异、营养丰富，常常被誉为世界上最健康的饮食方式。大量科学研究表明，选择地中海饮食的人会更长寿、更健康。

为什么要选择地中海饮食方式?

众所周知，坚持地中海饮食者有许多共同之处，如预期寿命更长，心脏更健康，慢性疾病发病率更低等。这种饮食方式的影响积极且深远，包括降低低密度脂蛋白胆固醇水平，更好地控制血糖，改善体重管理，降低抑郁风险和某些癌症的发病率，还能有效预防帕金森病和阿尔茨海默病。

地中海饮食的主要食材几乎都未经加工，如全谷物、水果和蔬菜，以及海鲜、鱼、酸奶、豆类、种子和坚果。其中也不乏许多通常被视为“放纵”的食品，如红酒、特级初榨橄榄油、黄油和面包。究其根本，这种生活方式的核心在于均衡和享受。

健康脂肪

说到优质营养，并非所有脂肪中的营养成分都是均等的，而且地中海饮食并不主张完全不摄取脂肪。事实上，适当食用健康脂肪，均衡膳食，可以让身体更健康，可能恰恰出于这一原因，选择地中海饮食的人的心脏比坚持传统西方饮食的人的心脏更为健康。

初榨橄榄油、坚果和种子、油性鱼和酸奶等乳制品类健康脂肪都是地中海饮食菜单选用的材料。特级初榨橄榄油是脂肪的主要来源，富含单不饱和脂肪酸和亚油酸，堪称绝佳食材，因为这两种成分对心脏都有益处。特别是，“特级初榨”油和“初榨”油都几乎未经加工，然而却富含有益的多酚类——植物中的不饱和化合物。

若想坚持地中海饮食，需将含有饱和脂肪酸及反式脂肪酸的食物换成含有更多单不饱和脂肪酸及多不饱和脂肪酸的食物，多选择鳄梨、坚果、种子、油性鱼、特级初榨橄榄油和乳制品，不要吃太多红肉或油炸及加工食品。

海洋之果

海鲜和鱼是地中海饮食的主要食材，比红肉更健康，更适合长期食用，可以用来替代红肉。沙丁鱼、鲱鱼、金枪鱼、三文鱼或鲭鱼等**油性鱼**都是 Omega-3 脂肪酸的良好来源。Omega-3 脂肪酸是一种多不饱和脂肪酸，对心脏健康有益，还可以帮助增强大脑功能，包括提高记忆力、帮助集中注意力及调节情绪。不妨制订一个计划，每周都要吃鱼或海鲜，至少两次，少吃红肉，每周仅限两三次。除了海鲜，植物蛋白，如豆类、坚果和种子，也在地中海厨房中扮演着很重要的角色，这些食物可以确保身体获得所需的关键营养。

富含纤维的食物

地中海饮食还包含大量未加工的全谷物及其他富含纤维的食物，如蔬菜和水果，它们可以自然地慢慢消化，同时持续为身体提供能量。高纤维饮食对改善体重管理、帮助消化、维持稳定情绪、改善胆固醇水平以及降低包括肠癌在内的一些疾病风险益处颇多。建议选择燕麦、糙米、黑米、藜麦和大麦等全谷物，不要选择精制和加工过的食物。在饮食中添加豆类或干豆也是一个好方法，可以增加纤维摄入量并保持身体所需能量。

许多地中海菜肴色彩自然明亮。创造如此美味且营养均衡的食物，选择新鲜的应季食材是关键。水果和蔬菜天然含有抗氧化剂和多酚，有助于对抗衰老，减少炎症性疾病风险。每天吃 **5 ~ 10 种蔬菜和水果**，可以获得大量有助于健康的抗氧化剂、多酚、维生素、矿物质和纤维。

地中海式生活方式

之所以说地中海饮食益处颇多，不仅在于它丰富的食品种类，更与其烹调方式和食用方式密切相关。地中海饮食注重采用新鲜、高品质的食材，在用餐时间和用量搭配等方面也十分精心细致。

大多数地中海菜肴都为与家人和朋友一起享用而准备，这种**共享**的饮食方式有助于培养集体意识，加深亲友之间的情感，这对幸福安乐至关重要。大家围坐一桌共享美食，也可帮助人们正确认识自己与食物的关系，此刻的重点是享受和填饱肚子，而不是限制或控制。在餐桌上吃饭只是一个简单的步骤，却可以让人们在用餐时全情投入，用心享受共处的时光。

全家共享菜肴还有另一个好处，这种方式可以鼓励多样性，这是地中海饮食的核心所在。简单地将不同颜色的食材搭配在一起，帮助大家享用各种健康食材。地中海饮食讲究精心搭配——大多以植物为主，鼓励人们不断尝试应季的新食材。在用多种营养丰富的食物满足味蕾需求的同时，也使身体更加强壮。

共享菜肴

从前菜到清淡小吃，这些菜肴会给大家的
餐桌带来更多活力。
共享共乐，感受聚会的乐趣。

春季绿叶蔬菜和羊乳酪意式烤面包

素食者 | 准备 + 烹饪时间：40 分钟 | 4 人份

热那亚青酱是一种起源于意大利热那亚的酱汁。传统做法是将蒜、松子、罗勒、干酪和橄榄油置于研钵内，用杵捣碎。而现在的做法较之前丰富了许多，可选用各种香蒜酱作为调料。有些人喜欢选用芝麻菜和扁桃仁作为食材，有些人则善用不同的新鲜绿色草本植物，如菠菜或羽衣甘蓝等。

1 杯（150 克）冷冻蚕豆，解冻（见提示）
170 克芦笋，处理后斜刀切片
½ 杯（60 克）冷冻豌豆
8 片酸面包（280 克）
1 汤匙特级初榨橄榄油
1 瓣大蒜，捣碎
1 汤匙柠檬汁
盐和现磨黑胡椒粉
90 克腌制羊乳酪，沥干，切碎
2 汤匙新鲜小薄荷叶
1 茶匙磨碎的柠檬皮

芝麻菜和扁桃仁香蒜酱

60 克芝麻菜
1 杯（20 克）新鲜的罗勒叶
½ 杯（70 克）扁桃仁片，烘烤后备用
1 瓣大蒜，捣碎
1 茶匙磨碎的柠檬皮
⅓ 杯（25 克）磨成细丝的帕尔马干酪
½ 杯（125 毫升）特级初榨橄榄油

提示

- 若蚕豆正当季，也可以用 575 克新鲜蚕豆代替冷冻蚕豆。
- 用密封的容器将做好的香蒜酱按餐份分装，可储存 3 个月。

1 准备一个中等大小的炖锅，注水煮沸，再将蚕豆和芦笋放入沸水中煮2分钟。随后放入豌豆，2分钟后将食材取出沥干，放入冰水中冷却；冷却后再捞出沥干。剥去蚕豆的灰色外皮。

2 制作芝麻菜和扁桃仁香蒜酱时，要将芝麻菜、罗勒叶、扁桃仁、大蒜、柠檬皮、帕尔马干酪和1汤匙橄榄油一同放入料理机中绞碎，其间，缓缓倒入剩余的橄榄油，直到混合物变得绵密顺滑，再按照自己的口味加入适量的盐和胡椒粉调味。

3 烤盘（平底锅或烧烤炉亦可）涂油预热，然后将面包放在烤盘上烘烤，双面各烤1分钟，或烤至微焦，取⅓杯（85克）青酱涂抹在面包条上。

4 将橄榄油倒入中等大小的煎锅中，用中高火加热。放入大蒜，翻炒1分钟；加入芦笋、蚕豆和豌豆，翻炒1分钟或炒热。倒入柠檬汁搅拌；用盐和胡椒粉调味。

5 用勺子将蔬菜混合物盛到烤好的面包片上，再放上干酪、薄荷和柠檬碎。

烤蘑菇配菠菜、番茄和里科塔干酪

素食者 | 准备 + 烹饪时间：40 分钟 | 2 人份

里科塔干酪是一种由牛奶制成的、柔软、甜度较高、湿润的奶酪，脂肪含量低，质地略呈颗粒状。这个食材名字如果直译则为“再煮制”，指的是其从乳清成为干酪的生产工艺，而乳清本身就是其他奶酪制作的副产品。里科塔干酪是在亚平宁半岛上存在了数百年的传统美食，在意大利美食中占有特殊的地位。

4 个大平菇（400 克），去边
275 克藤栽熟番茄
2 汤匙特级初榨橄榄油
盐和现磨黑胡椒粉
2 瓣大蒜，捣碎
1 汤匙意大利香醋
12 枝新鲜的百里香
50 克嫩菠菜叶
¼ 杯（25 克）新鲜的里科塔干酪，切碎
酸面包条，烘烤后备用

1 烤箱200摄氏度预热；选择一个大烤盘，铺上烘焙纸。

2 将蘑菇和番茄放入铺有烘焙纸的平底锅里，均匀地淋上一半的橄榄油，用盐和胡椒粉调味。

3 将蒜、醋和剩下的油置于小碗中混合均匀；将混合物淋在蘑菇上，然后撒上百里香。用烘焙纸松散地盖住烤盘，烘烤20分钟。

4 揭开盖在上面的烘焙纸，弃用。将菠菜叶塞在蘑菇和番茄下面，在蘑菇上面撒上里科塔干酪，烤5分钟或直到蔬菜变软，搭配烤酸面包一起享用。

提示

如果没有藤栽熟番茄，可用樱桃番茄或李子番茄代替。

黑甘蓝油炸饼配腌甜菜根

素食者 | 准备 + 烹饪时间：35 分钟 + 冷却 | 4 人份

黑甘蓝翻译成意大利文意为“黑卷心菜”，常出现在意大利菜肴中，是一种非常受欢迎的食材，尤其备受来自托斯卡纳地区的人的推崇。作为蔬菜通心粉汤和托斯卡纳汤中的传统食材，相较于其“近亲”羽衣甘蓝，黑甘蓝口感更脆、味道更甜，而且具有相同的营养价值，其中富含蛋白质、纤维、抗氧化剂和维生素。

3 个西葫芦（450 克），切碎
1 茶匙细海盐
3 片黑甘蓝叶（30 克），处理后切成小块
2 汤匙切碎的新鲜薄荷叶
¼ 杯（40 克）全麦中筋面粉
2 瓣大蒜，捣碎
2 个鸡蛋，轻度打发
盐和现磨黑胡椒粉
⅓ 杯（80 毫升）特级初榨橄榄油
1 汤匙苹果醋
½ 茶匙蜂蜜
100 克希腊羊乳酪，切碎
2 汤匙烘烤过的葵花子
新鲜的薄荷叶，备用

腌甜菜根

3 个小甜菜根（300 克），切薄片（见提示）
2 汤匙苹果醋

提示

- 可使用削皮刀或切片机将甜菜根切成薄片。
- 做好的油饼可冷冻保存，随时加热即可食用，是快餐的选择。

1 将西葫芦置于滤锅中，加盐拌匀；将滤锅放在水槽中，静置10分钟沥干水分。用手挤出西葫芦中多余的水分，将西葫芦、薄荷、面粉、大蒜和鸡蛋放入一个中等大小的碗中，用盐和胡椒粉调味，搅拌均匀。

2 制作腌甜菜根。将甜菜根和醋放入一个碗里拌匀；用盐和胡椒粉调味，静置5分钟。沥干水分，保留腌菜汁作为甜味剂，放在一旁备用。

3 将一半的橄榄油倒入不粘煎锅，用中火加热。将⅛的西葫芦和甘蓝混合物倒入锅中，轻轻压平；两面各煎5分钟，煎至表皮变得金黄酥脆。起锅后，用纸巾吸去多余的油，而后盖在上面保温。重复以上步骤，制作8份煎饼。

4 将剩下的油、醋、蜂蜜和保留的料汁倒入一个小碗中，搅拌至充分混合。

5 将油煎饼盛入盘中，在上面放甜菜根和羊乳酪。用餐之前，淋上蜂蜜料汁，再撒上葵花子和薄荷叶。

沙丁鱼和黄金番茄吐司

鱼素者 | 准备 + 烹饪时间：30 分钟 + 冷藏 | 4 人份

沙丁鱼这小小的鱼中隐藏着丰富的营养：一份沙丁鱼可以提供人体每日所需的 150% 维生素 B_{12}、13% 的维生素 B_2 和 ¼ 的烟酸。它也是 Omega-3 脂肪酸的来源，具有抗炎特性及与此相关的一系列对健康有益的功效。

1 茶匙茴香籽，轻轻压碎
2 茶匙海盐片
2 瓣大蒜，捣碎
盐和现磨黑胡椒粉
500 克新鲜的沙丁鱼，清洗干净，切片，保证鱼尾完整（见提示）
l 千克黄樱桃番茄
¼ 杯（60 毫升）特级初榨橄榄油
1 条夏巴塔面包（450 克），切片，烘烤
新鲜的罗勒叶，备用
柠檬，切成楔形（柠檬楔），备用

罗勒和刺山柑浆果油

1 杯（20 克）新鲜的罗勒叶
½ 杯（125 毫升）特级初榨橄榄油
¼ 杯（40 克）刺山柑浆果
2 茶匙磨碎的柠檬皮
2 汤匙柠檬汁

1 制作罗勒和刺山柑浆果油。将原料混合均匀，搅拌至顺滑绵密，用盐和胡椒粉调味。

2 将茴香籽、盐和大蒜倒入小碗中混合均匀，用盐和胡椒粉调味。用此混合调料腌制沙丁鱼片，盖上盖子，冷藏30分钟。

3 预热烤架；在烤盘中倒入一半的橄榄油，放入番茄。将烤盘放在烤架下10分钟，或者烤至番茄微微起泡，稍微冷却一下。

4 把番茄、罗勒和刺山柑浆果油放入一个大碗，轻轻搅拌混合，用盐和胡椒粉调味。

5 将剩下的油倒入一个大煎锅或烤盘中，加热；分批倒入沙丁鱼，每面煎2分钟或直至熟透。

6 把沙丁鱼放在烤面包上；用勺子把大碗中的番茄混合物浇在上面，轻轻按压，让番茄汁浸入面包中。上面放上罗勒叶，与柠檬楔一起食用。

提示

可以让鱼贩帮忙清洗并处理好沙丁鱼。

花椰菜帕斯蒂拉三角馅饼

纯素者 | 准备 + 烹饪时间：1 小时 20 分钟 + 冷却 | 9 人份

帕斯蒂拉馅饼是一种传统的摩洛哥派，经常在特殊场合出现。通常以少量调味家禽肉和坚果为内馅，纯素食版本以花椰菜为主要食材。番红花是世界上最昂贵的香料之一——由番红花植物的干柱头组成，1 千克番红花需要 11 万～17 万朵花。

少量番红花丝
1 汤匙热水
2 汤匙特级初榨橄榄油
2 个中等大小的红洋葱（340 克），切碎
2 瓣大蒜，捣碎
1 茶匙姜黄粉
1 茶匙生姜粉
¾ 茶匙肉桂粉
½ 个小花椰菜（500 克），切碎
盐
1 杯（160 克）去皮扁桃仁，烘烤，切碎
1 杯（30 克）切碎的新鲜芫荽叶
1 杯（20 克）切碎的新鲜扁叶欧芹叶
9 张酥皮
½ 杯（125 毫升）特级初榨橄榄油，备用
柠檬楔，备用
希腊酸奶，备用（自选）

1 将番红花放入小碗中，加水浸泡。

2 将橄榄油倒入大号煎锅中，用中火加热；将洋葱、大蒜、姜黄粉、生姜粉和½茶匙肉桂粉倒入锅中，翻炒5分钟，或者直到洋葱变软。加入花椰菜，翻炒10分钟或直到其变软，用盐调味。加入番红花混合物，翻炒1分钟或直到水蒸发。将菜倒入一个大碗中，加入扁桃仁和香草，待其完全冷却。

3 将烤箱预热至180摄氏度，烤盘涂油。

4 在一块酥皮上涂上少许剩下的橄榄油，纵向切成两半，把一条叠放在另一条上。用烘焙纸盖住剩余的酥皮，再铺上干净潮湿的茶巾，防止酥皮变干。

5 将⅓杯花椰菜混合物放在酥皮条的一角，留下1厘米的边空。将酥皮角对角折叠，形成一个三角形；继续折叠，直至不能再折，保持呈三角形。将三角形封边朝下置于烤盘上。重复以上步骤，处理剩下的酥皮、橄榄油和花椰菜馅料。

6 用少许橄榄油涂抹三角馅饼，在表面撒上剩余的肉桂粉，烘烤30分钟或直至酥皮微微呈棕色。

7 依照自己的喜好，可搭配柠檬楔和希腊酸奶，趁热享用。

小食

西班牙小吃——小盘菜或开胃菜，起源于西班牙，但在每个地中海国家的版本却大不相同。这些小食可被当作甜点或开胃菜，也可组合成一套完整的分享餐，是派对上不错的美食。

杜卡虾串

鱼素者 | 准备 + 烹饪时间：15 分钟 | 4 人份

准备 1.2 千克除去虾线的连壳留尾生大虾。将 ¼ 杯（40 克）开心果、2 汤匙特级初榨橄榄油、2 个碎蒜瓣和 2 茶匙磨碎的柠檬皮放入一个大碗里搅拌；加入大虾，搅拌均匀。将大虾串在 8 根竹签或金属烤肉签上。准备一口重型煎锅，用大火加热；煎烤虾串，不时翻动，直到大虾变色。搭配柠檬楔享用。

烤羊乳酪佐烤大蒜、辣椒和橄榄

素食者 | 准备 + 烹饪时间：1 小时 25 分钟 | 10 人份

将烤箱预热至 180 摄氏度。将 10 瓣去皮的大蒜和 ¼ 杯（60 毫升）特级初榨橄榄油放入烤盘中（确保大蒜完全被油包裹）。盖上锡纸，烘烤 30 分钟或直至变软，稍微冷却一下。将烤箱温度调到 200 摄氏度。准备 700 克希腊羊乳酪，用纸轻拍吸去水分。将羊乳酪切成 4 厘米厚的片，平铺在烤盘中；倒入 ¼ 杯（60 毫升）剩余的特级初榨橄榄油和大蒜油；上面放 2 小枝新鲜的迷迭香、3 茶匙新鲜的牛至叶、⅓ 杯（40 克）小黑橄榄和 ½ 个切成薄片的新鲜长红辣椒。烤 40 分钟，直到羊乳酪变软并呈浅棕色。搭配烤面包或烤皮塔饼一起享用。

带馅西葫芦花

素食者 | 准备 + 烹饪时间：2 时 30 分钟 | 数量：18 个

将 250 克硬质里科塔干酪、50 克切碎的希腊羊乳酪、2 汤匙切碎的新鲜的薄荷叶、2 茶匙磨碎的柠檬皮、½ 茶匙干辣椒片、1 个碎蒜瓣、1 个蛋黄放入一个中等大小的碗中，用盐和胡椒粉调味。小心地展开 18 朵西葫芦花，然后去除中心的黄色雄蕊。将干酪混合物舀入花中，在顶部留一个 1 厘米的缺口。扭转花瓣顶部，以包裹馅料。将 2 汤匙特级初榨橄榄油倒入一口不粘锅中，用大火加热；将花朵每边煎 1 分钟，或者直到花朵呈淡金黄色且被热透；用盐和胡椒粉调味，撒上磨碎的柠檬皮和薄荷叶。

烤沙丁鱼配面包糠

鱼素者 | 准备 + 烹饪时间：20 分钟 | 4 人份

面包糠在意大利语中被称为“面包碎”。在意大利南部，这种酥脆的面包块被用作昂贵奶酪的替代品。它可以作为蔬菜、沙拉和意大利面的配料，还可以撒在酥脆的煎鸡蛋上，口味独特、风味绝佳，因此广受欢迎。这是一种将陈面包再利用的完美方式。

750 克新鲜的沙丁鱼，打理干净（见提示）

¼ 杯（60 毫升）特级初榨橄榄油，准备额外的备用

盐和现磨黑胡椒粉

1 个中等大小的柠檬（140 克）

50 克芝麻菜叶

⅓ 杯豆瓣菜嫩枝（见提示）

¼ 杯（40 克）松子，烤熟（见提示）

面包糠

2 汤匙特级初榨橄榄油

1 杯（60 克）切碎的隔夜面包

1 瓣大蒜，捣碎

½ 杯（10 克）切碎的新鲜扁叶欧芹

¼ 杯（40 克）磨碎的帕尔马干酪

提示

- 可以让鱼贩帮助处理沙丁鱼。
- 可依照自己的喜好，用任何其他的沙拉蔬菜代替豆瓣菜。
- 可用自己喜欢的烤坚果代替松子。

1. 制作面包糠。先在一口大煎锅内倒入橄榄油，用中火加热；放入面包，翻炒2分钟或直至呈金黄色；加入大蒜，翻炒1分钟或直到炒出蒜香味；冷却10分钟。与欧芹一起放入搅拌机内，搅拌成碎渣状；再倒入帕尔马干酪中搅拌，用盐和胡椒粉调味。

2. 将2汤匙橄榄油涂抹于沙丁鱼上，用盐和胡椒粉调味。将沙丁鱼放到预热后的烤盘（或平底锅、烤架）上，用大火烘烤2分钟。翻面，烘烤1分钟，或烤至熟透。

3. 把柠檬切成两半，一半榨汁，另一半切成楔形。把芝麻菜、豆瓣菜、松子、柠檬汁和剩余的油放入一个中等大小的碗里，用盐和胡椒粉调味。

4. 将芝麻菜混合物平铺在盘子里，上面放上沙丁鱼，再淋上一点橄榄油，撒上面包糠，与柠檬楔一同食用。

希腊蔬菜派配黄豌豆蘸酱

素食者 | 准备 + 烹饪时间：1 小时 15 分钟 + 冷却 | 8 人份

虽然被称为派，但这种含希腊烘焙蔬菜和草本植物的传统菜肴更像一种不含面糊的油炸玉米饼。凯发罗特里干酪是一种半硬的希腊绵羊奶或山羊奶奶酪。你还可依照自己的喜好撒上新鲜的小薄荷叶再端上桌。

250 克西葫芦，切成薄片
1 茶匙细海盐
780 克银甜菜（瑞士甜菜）
200 克四季豆，修剪好备用
125 克希腊羊乳酪，切碎
125 克凯发罗特里干酪或帕尔马干酪，切碎
¼ 杯（10 克）切碎的新鲜扁叶欧芹叶
2 汤匙切碎的新鲜莳萝（茴香）
1 汤匙切碎的新鲜薄荷叶
¾ 杯（50 克）新鲜面包糠（见提示）
6 个鸡蛋，轻度打发
¼ 杯（35 克）芝麻籽，烘烤
1 汤匙特级初榨橄榄油
盐和现磨黑胡椒粉
8 个小皮塔饼，加热后备用
柠檬楔，备用

黄豌豆蘸酱

1 杯（200 克）干黄豌豆
1 个小洋葱（80 克），切碎
4 瓣大蒜，擦成泥状
1 茶匙孜然粉
1 茶匙芫荽粉
⅓ 杯（80 毫升）特级初榨橄榄油
¼ 杯（60 毫升）柠檬汁

提示

面包糠最好用放置了 3 天的陈面包来制作。

1. 将烤箱预热至180摄氏度；准备一个24厘米的脱底烤盘，涂上橄榄油；在盘底铺上烘焙纸。
2. 将西葫芦和盐放入一个滤锅里，锅下放一个碗，静置30分钟。用冷水冲洗西葫芦，捞出沥水。剪去银甜菜的根茎，准备300克银甜菜叶。
3. 同时，准备一口大炖锅，将水煮沸，放入豆角，炖煮5分钟或直至煮软，然后将豆角捞出切碎。
4. 将银甜菜加入锅中，再次将水煮沸，然后立即捞出沥水。用凉水冲洗，沥干。挤压银甜菜中多余的水分，用纸巾轻拍，吸去水分；把银甜菜切碎。
5. 将西葫芦、豆类和银甜菜放入一个大碗，加入奶酪、香草、面包糠、鸡蛋、芝麻和橄榄油，混合均匀，用盐和胡椒粉调味。将混合物舀入横纹平底锅中，再将表面抹平。
6. 将派烘烤35分钟或烤至凝固且表面呈金黄色，留在锅中焖15分钟。
7. 同时，准备做黄豌豆蘸酱。将去皮的干豌豆放入一口小炖锅中，煮沸。将豌豆放回煎锅中，加入洋葱和大蒜，并加入6厘米深的冷水，使其没过食材，加热煮沸。调至中火，炖煮25分钟或直至豌豆变得柔软并开始软烂。沥干水分，冷却至室温。
8. 将去皮豌豆混合物和香料搅拌至顺滑。在用机器搅拌的同时，逐次均匀、稳定地加入橄榄油和柠檬汁，用盐和胡椒粉调味。
9. 当派温热或处于室温时，佐以蘸酱、皮塔饼和柠檬楔，端上桌享用。

玛利亚娜全麦比萨

鱼素者 | 准备 + 烹饪时间：45 分钟 + 冷藏 | 4 人份

玛利亚娜比萨是一种不含奶酪的那不勒斯比萨。这款健康的食物替代了慵懒的星期五晚上的外卖比萨，去掉了基底油腻、高热量的白色奶酪，将酥脆的全麦皮作为饼底，用低脂海鲜辣椒制成馅料，使其变成了健康食品。还可以让鱼贩帮助处理章鱼。

8 只中等大小的生虾（180 克）

4 只清洗过的小章鱼（360 克），纵向切成两半

2 个新鲜的长红辣椒，切碎

2 瓣大蒜，压碎

2 茶匙磨碎的柠檬皮

2 汤匙特级初榨橄榄油

盐和现磨黑胡椒粉

200 克樱桃番茄，切成两半

50 克芝麻菜

1 汤匙柠檬汁

柠檬楔，备用

面团

¼ 杯（45 克）优质小麦（干小麦）

½ 杯（125 毫升）温水

½ 茶匙细白砂糖

1 茶匙干酵母

⅔ 杯（100 克）中筋面粉

⅔ 杯（100 克）全麦面粉

1 虾剥壳、去虾线，和章鱼一起放入一个大碗里。将辣椒、大蒜、柠檬皮和橄榄油放入一个碗里混合均匀，用盐和胡椒粉调味。把一半的辣椒混合物放入一个小碗中，盖上盖子，冷藏。将剩下的辣椒混合物加入放有虾和章鱼的碗中，搅拌均匀。盖上盖子，冷藏1小时。

2 制作面团。将碾碎的干小麦放入耐热的碗中，注入沸水，直至没过干小麦，静置30分钟。用冷水冲洗，沥干水分。将温水、糖和酵母放入一个小水壶里，盖上盖子；放在温暖的地方，静置10分钟或直到起泡。将干面粉和过筛面粉混合后倒入一个中等大小的碗里。将酵母菌混合物加入软面团中。将面团放在撒有干面粉的面板上揉5分钟，直到面团变得光滑且富有弹性。把面团放在一个抹油的、中等大小的碗里，盖上盖子，放在温暖处静置45分钟或直到体积增大1倍。

3 将烤箱预热至220摄氏度，将4个大烤盘表面涂上油。

4 把面团分成4份。将每一块面团擀成直径为15厘米的圆形面饼（比萨饼底）；放在烤盘上。分批烘焙比萨饼底，烘烤8分钟或直到部分熟透。铺上海鲜和番茄混合物。再次分批烘烤比萨，烘烤10分钟直至饼底酥脆、海鲜熟透，撒上备用的辣椒混合物。

5 将芝麻菜和柠檬汁放在一个小碗里，轻轻搅拌至黏稠，用盐和胡椒粉调味。

6 在比萨上撒上芝麻菜混合物，搭配柠檬楔享用。

中东羊肉丸、白豆配甜菜根酸奶酱

准备 + 烹饪时间：40 分钟 | 4 人份

甜菜根是一种坚硬的圆形根茎蔬菜，以其鲜艳的红色、独特的泥土芬芳以及清甜的风味而闻名。甜菜根富含铁和叶酸，也是硝酸盐、甜菜碱、镁和其他抗氧化剂的优质来源。最近的健康研究表明，甜菜根可以帮助降低血压、增强运动表现力，且有预防痴呆症的功效。

400 克罐装白凤豆，沥干，冲洗干净
1 汤匙柠檬汁
2 汤匙新鲜的牛至叶
2 汤匙特级初榨橄榄油
盐和现磨黑胡椒粉
½ 杯（35 克）新鲜的面包糠
2 汤匙牛奶
600 克切碎的羊肉
1 茶匙甜胡椒粉
⅓ 杯切碎的新鲜牛至叶，准备额外的备用
100 克希腊羊乳酪，切碎
1 个嫩莴苣，修剪整齐，茎叶分离
柠檬片，留存备用（自选）

甜菜根酸奶酱

200 克甜菜根，去皮，磨成粗粒
1 杯（280 克）希腊酸奶
2 汤匙切碎的新鲜薄荷叶
1 瓣大蒜，捣碎
1 汤匙磨碎的柠檬皮

提示

- 如果没有金属签子，可以将肉丸串在用开水浸泡了 10 分钟的竹签上，以防在烹饪过程中烧焦。
- 熟透或未经烹调的肉丸可以冷冻储存 3 个月；再次加工前，需在冰箱冷藏室里预解冻。

1 制作甜菜根酸奶酱。将食材放入一个中等大小的碗中搅拌均匀，用盐和胡椒粉调味。

2 将白凤豆、柠檬汁、牛至叶和一半的橄榄油放入一个中等大小的碗里混合均匀，用盐和胡椒粉调味。

3 将面包糠和牛奶放入一个中等大小的碗里，放置3分钟或直到牛奶被面包糠吸收。加入羊肉、甜胡椒粉和牛至叶，用盐和胡椒粉调味。用手搅拌混合物，直到混合均匀。加入羊乳酪，混合至充分融合。将满满1汤匙的羔羊混合物搓成球形，串到8个烤肉签上。

4 将剩余的油倒入一口大的不粘锅中加热；煎烤肉串，不时进行转动，烤10分钟，直到变黄、熟透。

5 将肉串放在生菜叶上，佐以豆类混合物、甜菜根酸奶酱和煎柠檬片一起享用。

西班牙鱼串配烟熏罗密斯科酱

鱼素者 | 准备 + 烹饪时间：1 小时 45 分钟 + 冷却和冷藏 | 4 人份

罗密斯科酱是一种传统的西班牙北部酱料，质地很像香蒜酱，由各种坚果和火烤辣椒制作而成，通常用来搭配鱼和海鲜。罗密斯科酱也是烤肉或炭烤蔬菜，如烤茄子和烤西葫芦的绝佳伴侣。

2 个小红辣椒（甜椒）（300 克），分成 4 等份
3 瓣大蒜，未剥皮
750 克去皮、无骨、肉质紧实的白鱼片，切成 2.5 厘米等厚的厚片
2 茶匙烟熏辣椒粉
⅓ 杯（80 毫升）特级初榨橄榄油
2 茶匙磨碎的柠檬皮
2 汤匙切碎的新鲜扁叶欧芹叶
盐和现磨黑胡椒粉
24 片新鲜的月桂叶
¼ 杯（40 克）扁桃仁片
2 汤匙柠檬汁
2 个中等大小的柠檬（280 克），切成两半

提示

- 制作这道菜，需要 12 根竹签或金属签。竹签在使用前需在沸水中浸泡 10 分钟，防止在烹饪过程中烧焦；金属串需要涂油，防止粘住。
- 红椒扁桃仁酱可以提前一天制作；密封好放在冰箱里。

1. 用大火预热烤架；将辣椒带皮的一面朝上，同大蒜一起放在烤盘上；将烤盘放在烤架下烘烤10分钟或烤至辣椒皮变黑；用保鲜膜（食品薄膜）盖住，冷却。
2. 把鱼和一半的红辣椒粉、一半的橄榄油、柠檬皮和欧芹放在一个中等大小的碗里混合，用盐和胡椒粉调味。把鱼和月桂叶串在12根烤肉签上，放在一个托盘上，盖上盖子，冷藏。
3. 同时，将辣椒和大蒜去皮。搅拌辣椒、大蒜、扁桃仁、柠檬汁、剩余的红辣椒粉和剩余的橄榄油，直至近乎顺滑，制成罗密斯科酱。将罗密斯科酱倒入一个小碗里，用盐和胡椒粉调味。
4. 把鱼串放入一个大的重型煎锅中，用中火煎烤4分钟或直至熟透；在平底锅中加入切成两半的柠檬，烹饪1分钟或直到柠檬呈棕色。
5. 可将鱼串搭配罗密斯科酱和烤熟的柠檬一起享用。

番茄面包

素食者 | 准备 + 烹饪时间：15 分钟 | 2 人份

番茄面包是西班牙人的一种主食，是一道味道浓郁的民间菜肴。它简便易学，只要有夏季成熟的番茄、高质量的面包和美味的橄榄油即可制成。你可以把它作为派对上的开胃菜，或者搭配一份丰盛的沙拉作为清淡的夏日晚餐。再配上油炸或煮熟的鸡蛋，味道十分鲜美。

500 克现摘的樱桃番茄
¼ 杯（60 毫升）特级初榨橄榄油
盐和现磨黑胡椒粉
4 大片酸面包（280 克）
1 瓣大蒜，切成两半
70 克山羊奶酪，切碎
2 汤匙新鲜的牛至叶

1 将烤箱预热至200摄氏度，在烤盘上铺上烘焙纸。

2 将番茄放在烤盘上，淋上2汤匙橄榄油，用盐和胡椒粉调味。烤10分钟，或者直到番茄皮开裂、果肉变软。

3 用剩下的橄榄油涂抹面包，在预热过的烤盘（或烤架）上煎烤，每边烤1分钟或直到轻微烤焦，用大蒜切面摩擦烤面包片。

4 将温热的番茄涂抹在烤面包片上，在上面撒上山羊奶酪和牛至叶，即可食用。

提示

如果没有现摘的樱桃番茄，可以用常规的樱桃番茄或李子番茄代替。

STAINLESS
CHINA

家庭餐桌

这些美味的菜肴意在让亲友围坐一桌
共享美食——一种根植于地中海饮食文化
核心的哲学。

孜然烤豆

纯素者 | 准备 + 烹饪时间：1 小时 20 分钟 + 浸泡一夜 | 6 人份

豆类富含蛋白质和纤维，是不错的素食选择。干豆子比罐装豆子的味道和质地更胜一筹——尽管罐装豆子在这个食谱中也有不俗的效果。我们还可用剩下的烤豆做一顿美味的午餐，这些豆子不像超市里售卖的那样加了过多的盐和糖。

400 克干白豆
2 汤匙特级初榨橄榄油
2 个中等大小的洋葱（300 克），切碎
8 瓣大蒜，切成薄片
1 茶匙孜然粉
2 个新鲜的长红辣椒，切成薄片
¼ 杯（70 克）番茄酱
3 个大番茄（660 克），切成大块
3 杯（750 毫升）蔬菜高汤
2 汤匙切成大块的新鲜牛至叶
盐和现磨黑胡椒粉
烘烤过的酸面包，备用
新鲜的牛至叶，备用（自选）

1 将豆子放入一个大碗中，倒入冷水，没过豆子；静置一夜，沥干水分。用冷水冲洗，沥干。

2 将豆子放入一口中等大小的平底锅中，倒入冷水，没过豆子，用大火煮沸。炖煮30分钟，或者直到豆子将要变软，沥干水分。

3 将橄榄油倒入一口重型平底锅中，用中火加热。加入洋葱、大蒜、孜然和辣椒，炖煮7分钟，或直到洋葱变成金黄色，其间不时搅拌。加入番茄酱、番茄和高汤，煮沸。调至中火，盖上盖子，煮10分钟，或直到酱汁稍微变稠。

4 把豆子放入锅中，盖上盖子，炖煮10分钟，或直至豆子变软，其间不时搅拌。放入切碎的牛至叶翻炒，用盐和胡椒粉调味。

5 可依照自己的喜好，搭配烤面包和新鲜的牛至叶一同享用。

提示

需要在前一天准备食材，或者为了节省浸泡豆子的时间，可以使用 3×400 克的罐装意大利白豆，沥干并冲洗干净即可。

绿色蔬菜通心粉汤配香蒜酱

素食者 | 准备+烹饪时间：35 分钟 | 4 人份

蔬菜通心粉汤没有固定的配方，根据传统做法，在烹饪这道菜时可采用任何当季的蔬菜。通常汤中含有博洛蒂豆，但这里采用了意大利白腰豆、番茄和鲜绿色蔬菜来制作新鲜的香蒜酱。

2 汤匙特级初榨橄榄油
1 茶匙切碎的新鲜鼠尾草叶
2 瓣大蒜，切碎
1 把韭葱（可用大葱代替）（350 克），切碎
1 个中等大小的欧洲萝卜（250 克），切成 1 厘米的立方体
2 根修剪过的芹菜茎（200 克），切成薄片
150 克羽衣甘蓝，弃茎，撕成片
6 杯（1.5 升）蔬菜高汤
150 克豆角，修剪好，斜刀切成 2 厘米的小段
2 个中等大小的西葫芦（240 克），纵向对半切开，切成薄片
400 克罐装意大利白腰豆，沥水洗净
盐和现磨黑胡椒粉

香蒜酱

2 杯（40 克）新鲜的罗勒叶
⅓ 杯（25 克）磨碎的帕尔马干酪粉
¼ 杯（40 克）烘烤过的松果
½ 个蒜瓣，去皮
½ 小杯（125 毫升）特级初榨橄榄油

提示

- 可提前 1 天备好汤，将其密封后放入冰箱冷藏。
- 可提前 3 天制作香蒜酱，将其放入密封的容器中，放入冰箱冷藏。

1 在一个大平底锅里倒入橄榄油，用中火加热。放入鼠尾草、大蒜和韭葱，翻炒3分钟，或者直到韭葱变软。加入欧洲萝卜、芹菜和羽衣甘蓝，翻炒2分钟，或者直到羽衣甘蓝变成亮绿色。加入高汤，煮沸，把火调小。用小火煮15分钟，或者直到欧洲萝卜变软。

2 加入青豆、西葫芦和意大利白腰豆，翻炒5分钟，直到西葫芦变软；用盐和胡椒粉调味。

3 制作香蒜酱。搅拌或用机器打碎食材，直至绵密顺滑。将其盛放到一个小碗中，用盐和胡椒粉调味。

4 把汤舀进碗里，淋上香蒜酱享用。

意大利面配尼斯沙拉

鱼素者 | 准备 + 烹饪时间：30 分钟 | 4 人份

意大利面配尼斯沙拉是一道法国经典菜肴，趁热享用或在室温时享用都同样美味。这道菜便捷易做，无论是作为工作日午餐还是野餐食物，都是绝佳的选择。也可以依照自己的喜好添加适量辣椒。

250 克意大利特细面条
4 个鸡蛋
425 克罐装橄榄油金枪鱼块，排水沥干，切薄片（见提示）
⅓ 杯（55 克）去核的卡拉马塔橄榄，切碎
250 克樱桃番茄，切成两半
⅓ 杯（50 克）松果，烘烤后备用
100 克芝麻菜
盐和现磨黑胡椒粉
½ 茶匙干辣椒片

柠檬芥末酱

2 汤匙特级初榨橄榄油
1 汤匙磨碎的柠檬皮
¼ 杯（60 毫升）柠檬汁
1 瓣大蒜，捣碎
1 汤匙第戎芥末
1 汤匙刺山柑花蕾

提示

可依照自己的喜好，在一个预热过的、涂油的烤盘（或烤架）上烤金枪鱼，每面烤 1 分钟，以此代替罐装金枪鱼。

1. 制作柠檬芥末酱。将原料放入一个有螺旋盖的罐子里，摇匀，用盐和胡椒粉调味。
2. 在一个大炖锅里煮意大利面，煮至面条变软，捞出沥水，放回平底锅中。
3. 同时，将鸡蛋放到一口小炖锅中，倒入没过鸡蛋的冷水，煮沸。继续煮2分钟或直至鸡蛋半熟，捞出沥水。用冷水冲洗，沥干。待冷却至可用手处理时，剥去鸡蛋壳。
4. 在意大利面中加入金枪鱼、橄榄、番茄、松仁、芝麻菜和酱料，轻轻搅拌，用盐和胡椒粉调味。
5. 可在意大利面上放上半熟鸡蛋和辣椒片享用。

对虾、豌豆和蚕豆意式煎蛋饼

鱼素者 | 准备 + 烹饪时间：1 小时 | 4 人份

意式煎蛋饼的名字源自意大利词汇“friggere”，后被直译为“油炸菜肴”。它是一种令人惊叹的多功能菜肴——不仅其剩菜可被完美地利用起来，而且烹调方法也相对简单。易于打包，可带到工作场所或学校当午餐，因为它既可以加热食用，也可以冷食。搭配简单的绿叶蔬菜沙拉就可成为一顿完整的午餐。

½ 杯（30 克）新鲜的扁叶欧芹叶
⅓ 杯（8 克）新鲜的莳萝（茴香）
6 个鸡蛋
½ 杯（125 毫升）脱脂牛奶
2 汤匙现成的干面包糠
盐和现磨黑胡椒粉
1½ 杯（225 克）冷冻蚕豆
2 汤匙特级初榨橄榄油
2 个中等大小的西葫芦（240 克），纵向切成两半，并切成薄片
3 根大葱（小葱），切成薄片
2 瓣大蒜，捣碎
2 杯（240 克）冷冻豌豆，解冻
500 克煮熟的中等大小的对虾，去壳，去虾线
⅓ 杯（80 克）硬里科塔干酪
柠檬，切成两半，备用

提示

如果没有耐热的煎锅，可以用几层箔纸把锅柄包起来。

1 将一半的欧芹和莳萝切成大段，余下的备用。在一个大碗里搅拌切碎的欧芹、莳萝、鸡蛋、白脱牛奶和面包糠，用盐和胡椒粉调味。

2 将蚕豆放在一个盛有沸水的大锅中煮2分钟，煮至其变软，用冷水冲洗，沥干。剥去蚕豆的灰色外皮。

3 将烤箱预热至180摄氏度。

4 在一口直径为21厘米的煎锅里倒入橄榄油，用中火加热；放入西葫芦和洋葱，翻炒5分钟或炒到其变软；加入大蒜、豌豆和蚕豆，翻炒1分钟或直到有香味飘出；加入蛋液，轻轻摇动，使混合物平铺在锅底。调至小火；不翻动，煎5分钟或直到边缘凝固；在顶部加上对虾和切碎的里科塔干酪。

5 将意式煎蛋饼烘烤20分钟，直到蛋饼中间凝固。

6 搭配剩余的欧芹、莳萝，和柠檬一起食用。

帕尔马干酪焗茄子

素食者 | 准备 + 烹饪时间：1 小时 15 分钟 | 4 人份

这道层次丰富的菜肴是地道的意大利治愈系美食，菜肴中食材的红色、白色和绿色正是意大利国旗的颜色。将茄子切成薄片，浅煎至两面呈金黄色，口感外酥里嫩，然后再进行烘烤，将茄子烤至入口即化。搭配芝麻菜沙拉和脆皮面包或拌入煮熟的短意大利面一同享用，都是不错的选择。

⅔ 杯（160 毫升）特级初榨橄榄油
1 个中等大小的洋葱（150 克），切碎
2 瓣大蒜，捣碎
400 克罐装切碎的番茄
2 杯（560 克）瓶装番茄酱
¼ 茶匙干辣椒片
盐和现磨黑胡椒粉
2 个中等大小的茄子（600 克），切成厚片
¼ 杯（35 克）中筋面粉
⅓ 杯（7 克）新鲜的罗勒叶
200克马苏里拉奶酪，切成薄片（见提示）
⅔ 杯（50 克）磨碎的帕尔马干酪
½ 茶匙甜椒粉
小罗勒叶，留存备用

提示

马苏里拉奶酪即小马苏里拉奶酪球，也常被称为马苏里拉奶酪珍珠。

1 将烤箱预热至180摄氏度。

2 在一口大煎锅里倒入1汤匙油，用中火加热；放入洋葱，搅拌、翻炒，直到变软；加入大蒜，翻炒至有香味飘出；加入番茄、辣椒；用盐和胡椒粉调味；将混合物盛到一个中等大小的罐子中。

3 把茄子片裹上面粉，抖掉多余的面粉。在同一口平底锅（清洗过）里加热剩下的橄榄油；分批煎烤茄子，直到茄子双面都变成棕色；用厨房纸吸去油分。

4 将一半的茄子放入一口直径26厘米、深5厘米的圆形耐热烤盘中，用盐和胡椒粉调味。顶部放上一半的番茄、罗勒叶和马苏里拉奶酪的混合物。重复上面的步骤，不断叠加，最后撒上帕尔马干酪和红辣椒粉。

5 盖上盖子，烘烤30分钟；打开盖子，再烤15分钟，或者直到茄子变棕变软。可在顶部加上备用的罗勒叶，端上桌享用。

烤番茄汤配西蓝花香蒜酱

准备 + 烹饪时间：1 小时 + 冷却 | 4 人份

无论生吃还是经过烹调，善用番茄是地中海菜肴的一大特色。直接从藤上摘下的番茄营养丰富、味道鲜美，烹饪过后番茄红素更加丰富。番茄红素是一种具有显著抗氧化特性的植物成分，也是番茄这种蔬菜鲜亮的红色的成因。

1 千克新摘的番茄，分成 4 等份
3 瓣大蒜，未剥皮
3 枝新鲜的百里香
1 个中等大小的洋葱（150 克），切碎
盐和现磨黑胡椒粉
⅓ 杯（80 毫升）特级初榨橄榄油
3 杯（750 毫升）鸡汤
1 汤匙烘烤过的松果
新鲜的罗勒叶，备用

西蓝花香蒜酱

100 克西蓝花，切碎
1 瓣大蒜，捣碎
1½ 汤匙烘烤过的松果
1½ 汤匙磨碎的帕尔马干酪
1½ 汤匙切碎的新鲜罗勒叶
¼ 杯（60 毫升）特级初榨橄榄油

提示

- 若要制作这个食谱的素食版，可用蔬菜汤代替鸡汤——在香蒜酱中使用素食帕尔马干酪——需确保其中没有动物筋膜。
- 汤和西蓝花香蒜酱可以冷藏，分开存放可保存长达 3 个月。

1 将烤箱预热至220摄氏度。

2 将番茄、大蒜、百里香和洋葱放入烤盘，用盐和胡椒粉调味。淋上¼杯（60毫升）橄榄油，搅拌至番茄被橄榄油包裹。烤30分钟，或者直到番茄变得非常软，且边缘变成棕色。

3 制作西蓝花香蒜酱。将西蓝花放入一个装有沸水的小炖锅中煮2分钟；捞出沥水；在冷水下冲洗，沥干；将西蓝花、大蒜、松子、帕尔马干酪和罗勒叶放入搅拌机中绞碎，同时缓缓倒入橄榄油，直至混合均匀；用盐和胡椒粉调味。

4 把烤好的番茄和洋葱盛到一个中等大小的平底锅里；百里香去茎，碾压大蒜去皮，加入番茄混合物。把高汤倒入锅中煮沸，冷却10分钟。搅拌或用机器绞碎混合物至顺滑绵密，将汤倒回锅中，用小火加热，其间不停搅拌；用盐和胡椒粉调味。

5 把汤舀进碗里，在上面放上西蓝花香蒜酱、松子和罗勒叶，淋上剩下的橄榄油。

菠菜酸奶扁平面包配希腊豆沙拉

素食者 | 准备 + 烹饪时间：45 分钟 + 冷却 | 4 人份

对于地中海地区的大多数人来说，各种类型的面包是不可或缺的美食。新鲜的面包无疑是世界上最美好的治愈系美食之一，这些简单的面包易于准备，可以迅速让你打起精神。无论是清淡的午餐或晚餐，抑或是作为简餐，新鲜的面包都是绝佳的选择。

250 克冷冻菠菜，解冻
1 杯（150 克）自发粉
½ 杯（140 克）希腊酸奶
1 瓣大蒜，捣碎
盐和现磨黑胡椒粉
2 汤匙特级初榨橄榄油
200 克酸奶黄瓜
柠檬楔，备用

希腊豆沙拉

125 克混合樱桃番茄，切成两半
1 个中等大小的黄瓜（130 克），纵向切成 4 等份，切片
½ 杯（100 克）罐装意大利白腰豆，沥干，冲洗
¼ 杯（30 克）去核黑橄榄，切成两半
¼ 杯（3 克）散装的新鲜牛至叶
100 克希腊羊乳酪，切碎

提示

- 将扁平面包放入 130 摄氏度预热的烤箱中保温。
- 提前一天做菠菜面团，盖上盖子，放入冰箱冷藏，需要用时再取出。使用前先取出，放于室温环境中。

1 把菠菜放到一条干净的茶巾里，对着水槽沥干水分。将菠菜、面粉、酸奶和大蒜放入一个大碗，用盐和胡椒粉调味。用手把原料混合在一起，揉成一个粗糙的面团。盖上盖子，将面团放置1小时。

2 制作希腊豆沙拉。将材料放入一个大碗，轻轻地搅拌直至混合均匀；用盐和胡椒粉调味。

3 将面团分成8个球，把每个小面团都放在撒有面粉的面板上擀开，直到擀成2毫米厚的面饼。

4 在一口大的重型煎锅中倒入1茶匙橄榄油，用中火加热；放入扁平面包，每面煎1分钟，直到变成金黄色。再将扁平面包从平底锅中取出，盖上盖子保温（见提示）。重复以上步骤，处理剩下的油和面团。

5 在扁平面包上均匀地放上酸奶黄瓜和沙拉，搭配柠檬楔一同食用。

鸡肉、西葫芦配翡麦汤

准备 + 烹饪时间：45 分钟 | 4 人份

翡麦（freekeh）由烤过的青小麦制成，营养丰富；翡麦的升糖指数低，纤维含量是糙米的 4 倍，蛋白质含量比普通小麦还要高。翡麦的名字源自单词“farik”，原指翡麦去壳的方式——舂，或“研磨”，以去除其坚硬且不能食用的外部麸皮层。

½ 杯（100 克）开裂的绿麦翡麦（见提示）
1 汤匙特级初榨橄榄油
1 把韭葱（可用大葱代替）（350 克），只留存白色部分，先切成两半，再切成碎片
4 瓣大蒜，切成薄片
5 杯（1.25 升）水（见提示）
4 片鸡腿肉（680 克）
150 克豆角，打理干净，切成 2 厘米长的小段
盐和现磨黑胡椒粉
1 个西葫芦（150 克），纵向分成两半，切成薄片
½ 杯（60 克）冷冻豌豆
1 茶匙磨碎的柠檬皮
1 汤匙柠檬汁
2 汤匙切碎的新鲜扁叶欧芹叶

提示

- 翡麦是一种小麦类产品，所以它含有麸质；一些健康食品店和超市有售。
- 可用自制的鸡汤代替水，可使味道更加浓郁。

1 取一口中等大小的平底锅，放入翡麦，加入水，使其没过食材，煮沸。调低温度，稍微敞开一点盖子，炖煮15分钟或炖至变软，捞出沥水。

2 同时，在一个大号平底深锅中倒入橄榄油，用中火加热；下入韭葱，翻炒4分钟或炒至变软；加入大蒜，翻炒2分钟。

3 加入水和鸡肉，煮沸；调小火，盖上盖子，煮12分钟或煮至鸡肉熟透。将鸡肉从高汤中取出，切碎。再将鸡肉碎放回锅中，加入豆角和翡麦，用盐和胡椒粉调味，煮5分钟。加入西葫芦和豌豆，煮3分钟或煮至变软；加入柠檬皮和果汁搅拌。

4 把汤舀到碗里，撒上欧芹，最后用盐和胡椒粉调味。

蘑菇

蘑菇是纤维、蛋白质、维生素 C、B 族维生素、钙、矿物质和硒元素的重要来源。研究表明，这些成分有助于降低血压和胆固醇，增强免疫力，抵抗多种癌症。

扁桃仁碎酱蘑菇

纯素者 | 准备 + 烹饪时间：45 分钟 | 2 人份

将烤箱预热至 200 摄氏度。取一片陈面包、一瓣捣碎的大蒜、$\frac{1}{4}$ 杯（40 克）天然扁桃仁和 $\frac{1}{2}$ 杯（30 克）新鲜的扁叶欧芹放入搅拌机中打碎。将混合物分成 6 等份，涂抹到 6 个（600 克）中等大小的香菇和 250 克樱桃番茄上，再将蘑菇和番茄放在铺有烘焙纸的烤盘上，淋上 $\frac{1}{4}$ 杯（60 毫升）橄榄油，用锡纸盖住，烘烤 15 分钟。取下锡纸，再烤 15 分钟或烤至食材变软。食用时可撒上柠檬皮和切碎的新鲜辣椒。

蘑菇吐司

素食者 | 准备 + 烹饪时间：20 分钟 | 4 人份

将 4 个香菇（400 克）的茎修剪至与蘑菇头齐平。取 4 片酸面包片，在一面涂上少许橄榄油。将面包片涂油的一面朝下，放在预热过的三明治机上，合上盖子，烤至微焦。在每个蘑菇上涂上 2 汤匙香蒜酱，再把蘑菇放在三明治机上的面包片上，用烘焙纸盖上。盖紧盖子，烤 5 分钟，至蘑菇变软，且面包呈金黄色后，在蘑菇上放上 100 克羊乳酪，淋上一点橄榄油。可搭配柠檬楔一起享用。

蘑菇和莳萝杂烩饭

纯素者 | 准备 + 烹饪时间：20 分钟 | 2 人份

在煎锅里倒入 2 汤匙橄榄油，用中火加热；放入 250 克香菇，煎烤 8 分钟，直到表面呈棕色且变软。从平底锅中取出后，锅中加入 250 克袋装微波印度香米、2 根切碎的大葱（小葱）、1 茶匙熏辣椒粉、2 汤匙开心果和醋栗，翻炒 5 分钟或炒至热透。加入 $\frac{1}{2}$ 杯（14 克）切碎的莳萝（茴香）和蘑菇搅拌均匀即可。

蘑菇和菊苣沙拉

素食者 | 准备 + 烹饪时间：15 分钟 | 4 人份

取一口大煎锅，倒入 2 汤匙橄榄油，高温加热；放入 300 克平菇和 2 茶匙百里香叶，不时搅拌，翻炒 5 分钟或炒至棕色。从锅中取出，冷却。将 $1\frac{1}{2}$ 汤匙香醋和特级初榨橄榄油倒入一个大碗，搅拌均匀。加入 $\frac{1}{2}$ 去掉顶部的菊苣叶、蘑菇以及 2 汤匙南瓜子和帕尔马干酪切片，轻轻搅拌，混合均匀。

鸡肉配西葫芦“面条”、羊乳酪和欧芹酱

准备 + 烹饪时间：35 分钟 | 4 人份

对于一个土生土长的意大利人来说，这些西葫芦“面条”可能看起来有点奇怪，但当你想吃一顿清淡的夏日午餐时，西葫芦“面条”就是意大利面的绝佳替代品。这些西葫芦“面条”还有助于增加蔬菜摄入量，降低卡路里摄入总量。

4 片鸡胸肉（800 克），横向切成两半
1 汤匙特级初榨橄榄油
5 个中等大小的西葫芦（500 克）
⅓ 杯（25 克）扁桃仁片，烘烤备用
100 克羊乳酪，切碎
¼ 杯（15 克）新鲜的扁叶欧芹叶

欧芹酱

½ 杯（10 克）粗切的新鲜扁叶欧芹
¼ 杯（6 克）粗切的新鲜罗勒
1 瓣大蒜，捣碎
2 茶匙刺山柑花蕾
1 茶匙第戎芥末
¼ 杯（60 毫升）特级初榨橄榄油
2 茶匙红酒醋
盐和现磨黑胡椒粉

1 鸡肉调味。在一口大煎锅中倒入橄榄油，用中火加热；分批煎烤鸡肉，每面煎4分钟，或者煎至表面呈棕色或熟透。盛到盘子里，用锡箔纸疏松地盖住表面，静置。

2 用蔬菜螺旋切丝器（见提示）将西葫芦切成长条（面条）状。

3 制作欧芹酱。将欧芹、罗勒、大蒜和刺山柑花蕾放在一个小碗里混合均匀；加入芥末、橄榄油和醋，拌至变稠；用盐和胡椒粉调味。

4 在西葫芦“面条”上放上鸡肉、几勺欧芹酱、扁桃仁、羊乳酪和欧芹，搭配剩下的欧芹酱一起享用。

提示

螺旋切丝器是一种厨房用具，能把蔬菜切成螺旋形的细长条。如果没有这种切丝器，可以用削皮刀或切片机来制作长薄条。

烤蔬菜配香辣帕尼尼

素食者 | 准备 + 烹饪时间：50 分钟 + 冷却 | 4 人份

这种三明治风味浓郁，既有烧烤的烟熏味，又富含帕尔马干酪香蒜酱的鲜味，还有强劲的辣味，令人食欲大增，欲罢不能。这种调味料可以提前制作，用密封容器封存后可在冰箱中储存长达一个星期。

2 个小茄子（460 克），切成 1 厘米厚的薄片
200 克扁圆南瓜，切成 1 厘米厚的薄片
200 克白胡桃南瓜（冬南瓜），去皮，切成薄片
烹饪专用橄榄油喷雾剂
盐和现磨黑胡椒粉
4 个迷你法棍面包卷（680 克），纵向切成两半
⅓ 杯（65 克）香蒜酱
⅓ 杯（80 克）软里科塔干酪
½ 杯芝麻菜

辣椒调味料

1 汤匙特级初榨橄榄油
1 个小洋葱（80 克），切碎
1 瓣大蒜，捣碎
1 茶匙孜然粉
½ 茶匙辣椒粉
2 个中等大小的红色辣椒（400 克），切块
2 个中等大小的黄色辣椒（400 克），切块
2 汤匙红糖
2 汤匙红酒醋

1 制作辣椒调味料。在煎锅中加入橄榄油，用中火加热。加入洋葱、大蒜和香料翻炒，盖上盖子，焖5分钟。加入辣椒翻炒，盖上盖子，搅拌20分钟或炒到变软。加入糖和醋，煮至呈糖浆状，冷却。

2 同时，在茄子和南瓜上喷油，用盐和胡椒粉调味。将蔬菜分批放在预热过的烤盘（锅或烧烤架）上，用中火煎烤3分钟，直至蔬菜变黄变软。

3 在每个面包卷上涂抹上1汤匙香蒜酱和1汤匙里科塔干酪，均匀地撒上蔬菜、调味料和芝麻菜。

漆树果粉烤鸡配嫩叶蔬菜

准备 + 烹饪时间：1 小时 15 分钟 | 4 人份

作为家庭晚餐，这种烤鸡堪称完美，如果吃不完，剩下的还可以用来做第二天的沙拉和三明治。漆树果粉是一种紫红色香料，味涩，取自生长在地中海野生灌木上的浆果；可为蘸酱和酱料增添酸酸的柠檬香味，搭配烤肉风味绝佳。

30 克黄油，软化
1 汤匙漆树果粉
1.4 千克鸡肉
盐和现磨黑胡椒粉
500 克小甜菜根，打理好备用
250 克小胡萝卜，打理好备用
250 克黄色小胡萝卜，打理好备用
1 汤匙特级初榨橄榄油
½ 杯（25 克）新鲜的薄荷叶
100 克希腊羊乳酪，切碎（见提示）
2 汤匙商店买的现成的开心果

1 将烤箱预热到180摄氏度。

2 把黄油和漆树果粉倒在一个小碗里，混合均匀。把漆树果粉和黄油涂在鸡肉外皮上，用盐和胡椒粉调味。用厨房专用棉线把鸡腿绑在一起，放在一个大烤盘里。把甜菜根单独用锡纸包裹住，随鸡肉一起放到烤盘中烘烤30分钟。

3 用平底锅中的肉汁为鸡肉调味。把胡萝卜倒入橄榄油中，用盐和胡椒粉调味，然后放入锅中，再烤35分钟，或烤至鸡肉熟透，鸡皮变成金黄色。将锡纸疏松地盖在鸡肉上，静置10分钟。

4 同时，将甜菜根剥皮，切成两半，再把甜菜根放回锅中。

5 可将烤鸡和蔬菜搭配薄荷、羊乳酪和坚果混合香料“杜卡”一起食用。

提示

可以用山羊奶、绵羊奶或牛奶乳酪来制作这道菜肴。

豌豆和大麦调味饭配大蒜对虾

准备 + 烹饪时间：1 小时 | 4 人份

通常情况下，制作调味饭会使用短粒大米，如卡纳罗利大米或意大利米，但在这里我们使用大麦——一种营养丰富的谷物，其纤维含量高于加工过的白米。经证明，大麦中富含的可溶性纤维可以降低血液中胆固醇的水平，并可提高身体调节血糖的能力。但与大米不同的是，大麦含麸质。

¼ 杯（60 毫升）特级初榨橄榄油
1 个新鲜的长红辣椒，切碎
4 瓣大蒜，捣碎
2 根红葱（50 克），切碎
1 杯（200 克）珍珠大麦
4 杯（1 升）鸡汤
1 杯（250 毫升）水
1 汤匙磨碎的柠檬皮
½ 杯（60 克）冷冻豌豆
150 克甜脆豌豆角，打理好，纵向切成两半
盐和现磨黑胡椒粉
400 克中等大小的去皮生大虾
额外准备一些磨碎的柠檬皮，备用

1 在一口大的重型平底锅中倒入1汤匙橄榄油，用中火加热；加入辣椒、一半大蒜和红葱，翻炒3分钟或炒至变软；加入大麦，翻炒2分钟或炒至大麦微微发焦；加入一半鸡汤，煮开。把温度调低，炖煮18分钟（其间不时搅拌）或直至液体被吸收；加入剩下的鸡汤和水炖煮，不时搅拌，再煮18分钟或至大部分液体被吸收。加入柠檬皮、豌豆和甜脆豌豆角，翻炒3分钟，直至蔬菜变软；用盐和胡椒粉调味。

2 同时，将虾去皮、去虾线，留存尾部。在一口中等大小的煎锅中倒入剩下的橄榄油，用高温加热；煎烤对虾和剩下的大蒜，翻炒5分钟，或至对虾刚好煎熟；用盐和胡椒粉调味。

3 将意大利调味饭分成4碗，在表面放上对虾和剩余的柠檬皮。

羽衣甘蓝和希腊菠菜派

素食者 | 准备 + 烹饪时间：1 小时 45 分钟 | 6 人份

希腊菠菜派享誉全球，是家庭最喜爱的美食，这种酥皮馅饼常出现在希腊各地的餐桌上。在乡村，这道菜通常混合采用菠菜和韭葱、甜菜或酸叶草等绿叶蔬菜。这里我们还添加了“超级食品”羽衣甘蓝——一种营养丰富的叶状卷心菜，意在使营养更加丰富。还可以依照自己的喜好，搭配希腊酸奶享用。

1.5 千克银甜菜（牛皮菜）

350 克绿色羽衣甘蓝

400 克希腊羊乳酪，切碎

10 根大葱（小葱），切碎

½ 杯（10 克）切碎的新鲜莳萝（茴香）

¾ 杯（18 克）切碎的新鲜扁叶欧芹

2 茶匙磨碎的柠檬皮

¼ 杯（60 毫升）柠檬汁

3 个鸡蛋，轻度打发

现磨黑胡椒粉

80 克黄油，融化

750 克油酥千层饼

2 茶匙芝麻

柠檬楔，备用

提示

可以在第 5 步结束后，把制作的半成品放进冷冻袋里，冷冻 1 个月。后期烹饪冷冻食材时，需要稍微延长烹饪时间，直到酥皮变成金黄色，且馅料完全热透。

1. 将烤箱预热至180摄氏度。
2. 将银甜菜和羽衣甘蓝的茎修剪掉4厘米，丢弃。冲洗并沥水，不用过分沥干。将羽衣甘蓝的叶子从主茎上撕下；将银甜菜叶子上的白色经络剪去，把叶子切成V形。把绿色的茎和叶子切碎，分开放置。
3. 准备一口重型平底锅，用大火加热；炖煮茎，不时进行搅拌，煮10分钟或煮至变软，捞出沥水，盛放到一个碗里。将切碎的叶子放入锅中煮2分钟或煮至缩水变软，沥干水分，连同茎一起放入碗中。当冷却到可处理时，从蔬菜混合物中挤出多余的水（以防馅饼变湿）。
4. 将绿色蔬菜、羊乳酪、大葱、莳萝、欧芹、柠檬皮、柠檬汁和鸡蛋放在一个大碗里搅拌，用新鲜的现磨黑胡椒粉调味。
5. 准备6个容量为2杯（500毫升）、直径18厘米、深3厘米的圆形派盘子，涂抹黄油。在半张酥皮上涂抹黄油，对折做成一个更小的矩形酥皮；顶部涂黄油。将酥皮放在其中一个盘子里，按压延展酥皮直至盘边。将其余的酥皮用烘焙纸盖住，上面再盖上茶巾，以防风干。重复以上步骤，处理另外两张酥皮，将它们堆叠在同一个盘子里，如此便有了6层酥皮。将⅙馅料放入盘子中。用融化的黄油涂抹一半酥皮，交叉对折，刷黄油，再次对折；修整出一个大小适中的派皮，放在派的顶部。放置馅料，然后将酥皮折叠起来，再调整悬垂在盘子外的酥皮。在派的表面刷一点融化的黄油，撒上芝麻。重复以上步骤，制作6个馅饼。
6. 在每个派上撒一点水，以防糕点烤焦，烤35分钟或烤至派呈金黄色，可搭配柠檬楔享用。

茴香牛肉串和大蒜酸奶

准备 + 烹饪时间：40 分钟 + 冷藏 | 4 人份

这些串起来的肉串，烟熏味十足，风味极佳，还能带来动手大快朵颐的乐趣，让人可以放松身心，纵情享受。还可依照自己的喜好，用竹串或金属串来代替迷迭香串。

1 个中等大小的柠檬（140 克）
2 汤匙特级初榨橄榄油
⅓ 杯（80 毫升）干白葡萄酒
1 汤匙切碎的新鲜迷迭香
1 片月桂叶，撕碎
2 瓣大蒜，捣碎
盐和现磨黑胡椒粉
1 千克牛里脊肉或牛臀肉，切成 4 厘米厚的肉片
8 个新鲜的迷迭香茎
烤好的希腊皮塔饼，备用

茴香沙拉

2 个中等大小的茴香球茎（600 克）
2 汤匙特级初榨橄榄油
1 汤匙红酒醋
½ 杯（80 克）去核混合橄榄

大蒜酸奶

1 杯（280 克）希腊酸奶
2 瓣大蒜，捣碎

1. 把柠檬皮细细磨碎，去掉白色的经络，把果肉切碎。
2. 将橄榄油、柠檬皮和果肉、葡萄酒、切碎的迷迭香、撕碎的月桂叶和大蒜放在一个无电抗碗（玻璃、瓷器和不锈钢材质）中搅拌，用盐和胡椒粉调味；加入牛肉，搅拌均匀；密封，放在冰箱里冷藏1小时或过夜。
3. 制作茴香沙拉。先修剪茴香鳞茎的底部，留存叶子。用削皮刀或V形切片机将茴香纵向切成薄片，放入一碗冰水中浸泡。取出食材，轻轻拍干。将茴香、留存一半的茴香叶、橄榄油、醋和橄榄放入一个中等大小的碗中，搅拌均匀，用盐和胡椒粉调味。
4. 制作大蒜酸奶。将食材和剩下的茴香叶放入一个小碗中，搅拌混合；用盐和胡椒粉调味。
5. 把牛肉放到室温环境中，再均匀地串到迷迭香的茎上。
6. 将烤肉串放在预热过的烤盘（锅或烧烤架）上，用中火烧烤，不时进行转动，烤5分钟至五分熟，或根据需要烤熟。
7. 可以依照自己的喜好，搭配烤皮塔饼、茴香沙拉和大蒜酸奶一起享用。

STAINLESS
CHINA

辣椒粉和孜然粉烤鸡配鹰嘴豆

准备 + 烹饪时间：45 分钟 | 4 人份

辣椒粉是一种由干甜红辣椒磨碎制成的香料，辣度包括甜辣、微辣、烟熏辣和辛辣。较辣的辣椒通常由磨碎的红椒粉或番椒粉混合在一起制作而成。红辣椒原产于墨西哥中部，在16 世纪被带到西班牙，经常在许多种类的菜肴中使用，以添加色彩或风味。

4 瓣大蒜，捣碎
1 汤匙烟熏辣椒粉
1 茶匙孜然粒
½ 杯（125 毫升）特级初榨橄榄油
½ 杯（140 克）希腊酸奶
盐和现磨黑胡椒粉
4×200 克顶级鲜鸡胸肉（见提示）
400 克罐装鹰嘴豆，沥干，冲洗
400 克小樱桃番茄
200 克硬里科塔干酪，切成大块
¼ 杯（5 克）芫荽茎
¼ 杯（15 克）新鲜的扁叶欧芹叶

提示

此处的顶级鲜鸡肉选用的是带皮和连着翅骨的鸡胸肉。一些超市或家禽专柜均有售；可能需要提前订购。

1 将烤箱预热到240摄氏度。准备一个大烤盘，铺上烘焙纸。

2 将大蒜、红辣椒粉、孜然和⅓杯（80毫升）橄榄油放在一个小碗里搅拌。将2茶匙香料和油的混合物倒入另一个碗中，加入酸奶，搅拌均匀，用盐和胡椒粉调味。将酸奶混合物加盖密封，放入冰箱冷藏，需要时取出。

3 将剩余的2汤匙香料和油的混合物涂抹在鸡肉上，用盐和胡椒粉调味。将剩余的橄榄油倒入一口大煎锅，用大火加热；放入鸡肉，双面各煎烤2分钟或煎至鸡肉表皮呈棕色。将鸡肉放入铺有烘焙纸的烤盘中，烘烤10分钟。

4 将烤箱温度调至200摄氏度。将鹰嘴豆、番茄、里科塔干酪和剩余的香料油混合物放在一个大碗里混合均匀。把鹰嘴豆混合物舀起放在鸡肉周围，用盐和胡椒粉调味。再烤15分钟，或者直到鸡肉熟透。

5 在鸡肉和鹰嘴豆混合物上撒上芫荽和欧芹，搭配酸奶酱料享用。

扎塔尔风味鱼配干小麦沙拉

鱼素者 | 准备 + 烹饪时间：30 分钟 + 冷却 | 4 人份

香料和草本植物是地中海饮食中不可或缺的一部分，它们可以为零糖零脂的菜肴添加独特的风味。地中海美食中最常见的香料包括孜然、番红花、漆树果粉和扎塔尔。该地区常用的草本植物包括新鲜或干燥的牛至、鼠尾草、芫荽、欧芹、百里香、罗勒和迷迭香。

1 汤匙橄榄油
1½ 汤匙扎塔尔（见提示）
4 × 180 克无骨白鱼片（见提示）
盐和现磨黑胡椒粉

干小麦沙拉

1 个中等大小的红洋葱（170 克），切成薄片
1 杯（60 克）新鲜的扁叶欧芹
1 汤匙新鲜的百里香叶
4 个中等大小的李子番茄（450 克），切碎
100 克萝卜，切成薄片
60 克芝麻菜
¼ 杯（40 克）优质小麦（干小麦）
1 茶匙漆树果粉
2 汤匙柠檬汁
¼ 杯（60 毫升）特级初榨橄榄油

提示

- 扎塔尔是一种中东香料混合物，通常含有芝麻、干牛至或干百里香、漆树果粉和海盐，大型超市和中东食品店均有售。
- 也可以依照自己的喜好使用三文鱼或鳟鱼来制作这道菜。

1 制作干小麦沙拉。将原料放在一个大碗中混合均匀，用盐和胡椒粉调味，放置15分钟或直到干小麦变软。

2 把橄榄油、扎塔尔和鱼放在一个大碗里，用盐和胡椒粉调味。将鱼放在一口厚重的不粘锅里，用中高火加热，双面各煎烤2分钟，煎到表皮呈棕色或熟透。

3 将鱼肉搭配干小麦沙拉一起端上桌。

OPINEL

南瓜和山羊奶酪千层面

素食者 | 准备 + 烹饪时间：3 小时 | 10 人份

虽然千层面是意大利的一种主食，但其实千层面起源于古希腊——"lasagne"一词来源于希腊语"laganon"，这是已知的最早的意大利面食。在制作这道菜时，意大利人使用的食材往往因地制宜，也会取决于家人生于意大利的哪个地区。这个健康新鲜的蔬菜版本让这道经典菜肴的口味变得更加清淡。

3.4 千克白胡桃南瓜（冬南瓜），纵向切成两半
2 汤匙特级初榨橄榄油
盐和现磨黑胡椒粉
4 根长短适中的韭葱（可用大葱代替）（1.4 千克），切成薄片
4 瓣大蒜，捣碎
½ 茶匙肉豆蔻粉
1 千克硬里科塔干酪
3 个蛋黄
1 茶匙磨碎的柠檬皮
1¼ 杯（100 克）磨碎的帕尔马干酪
1 杯（250 毫升）淡奶油
¼ 杯（3 克）切碎的新鲜鼠尾草叶
1½ 汤匙切碎的新鲜细香葱
6½ 片新鲜的意大利宽面条
150 克软山羊奶酪，切碎

芝麻菜和南瓜子沙拉

2 茶匙柠檬汁
1 茶匙全麦芥末酱
1½ 汤匙特级初榨橄榄油
100 克芝麻菜
¼ 杯（50 克）南瓜子，烘烤

1 将烤箱预热至200摄氏度。

2 把南瓜分成两半，带皮的一面朝上，分别放在两个大的烤箱托盘上；给南瓜淋上1汤匙橄榄油，用盐和胡椒粉调味。用锡纸覆盖表面，烘烤2小时或烤到非常软，冷却。挖去南瓜子，剥皮。分批处理南瓜，把南瓜放在一个大筛子里，下面放置一个大碗，沥干多余的液体。再把它盛到碗里，用土豆泥捣碎机将其捣成泥。

3 把剩下的橄榄油倒入一个大平底锅，用中火加热；放入韭葱和大蒜，不时搅拌，翻炒10分钟或炒到变软。将韭葱混合物、南瓜泥、肉豆蔻和保留的南瓜液混合均匀，用盐和胡椒粉调味。

4 将里科塔干酪、蛋黄和柠檬皮放入料理机中打至顺滑绵密。加入一杯（80克）帕尔马干酪和奶油，搅拌至充分混合。拌入鼠尾草，用盐和胡椒粉调味。

5 准备一个约24厘米×30厘米×6厘米大小的耐热盘子，涂油，在盘子底部放2片意大利宽面条。用勺子涂抹超过⅓的里科塔干酪混合物，使其表面顺滑，表面放一半南瓜混合物。重复叠加，顶部放上2½片宽面条和另外⅓的里科塔干酪混合物，撒上山羊奶酪和剩下的帕尔马干酪。盖上一层烘焙纸，然后用锡箔纸盖住。

6 烘烤千层面50分钟。去掉锡纸和烘焙纸，再烤15分钟或烤至表皮呈金黄色且滚烫，静置10分钟。

7 制作芝麻菜和南瓜子沙拉。将柠檬汁、芥末油和橄榄油放入一个大碗，用盐和胡椒粉调味。加入芝麻菜和南瓜子，轻轻搅拌，直至混合均匀。

8 做好的千层面可搭配沙拉一起享用。

希腊烤羊腿肉配柠檬土豆和土豆蘸酱

准备 + 烹饪时间：4 小时 45 分钟 + 冷藏 | 4 人份

土豆蘸酱是一种经典的希腊肉类佐料——既可以蘸着吃，也可以涂抹着吃，由土豆或面包蓉搭配大蒜、橄榄油、柠檬汁或醋、草本植物，偶尔还有坚果粉制成。你还可以依照自己的喜好，在烤羊肉上撒上新鲜的柠檬百里香享用。

2 瓣大蒜，捣碎
½ 杯（125 毫升）柠檬汁
2 汤匙特级初榨橄榄油
1 汤匙新鲜的牛至叶
1 茶匙新鲜的柠檬百里香叶
2 千克羊腿肉
柠檬楔，备用

土豆蘸酱

1 个中等大小的土豆（200 克），分成 4 等份
3 瓣大蒜，分成 4 等份
1 汤匙柠檬汁
1 汤匙白醋
2 汤匙水
⅓ 杯（80 毫升）特级初榨橄榄油
1 汤匙温水

柠檬土豆

5 个大土豆，分成 4 等份
1 个中等大小的柠檬（140 克），剥下的皮分成 6 个宽条
2 汤匙柠檬汁
2 汤匙特级初榨橄榄油
盐和现磨黑胡椒粉

1. 将大蒜、柠檬汁、橄榄油、牛至和百里香叶放在一个大号的无电抗碗中混合均匀；放入羊肉，翻转至裹上混合物。密封，冷藏3小时或过夜。
2. 将烤箱预热至160摄氏度。
3. 将腌制好的羊肉放在一个大烤盘里，烤3.5小时。
4. 制作土豆蘸酱。先煮、蒸或用微波炉加热土豆直至变软，沥干。将土豆放在滤筛或细筛上挤压，筛入一个中等大小的碗中，冷却10分钟。在土豆中加入大蒜、柠檬汁、醋和水，搅拌至混合均匀。将土豆混合物放入搅拌机中；在机器运转的同时，缓慢且均匀地倒入橄榄油，直到土豆蘸酱变稠（不要过度搅拌，否则酱汁会变得过于黏稠），放入温水中搅拌。
5. 制作柠檬土豆。将土豆、柠檬皮、柠檬汁和橄榄油放入一个大碗里混合均匀，用盐和胡椒粉调味。将土豆均匀地铺在烤盘上，铺一层即可。
6. 把柠檬土豆放入烤箱；在羊肉被烤熟前30分钟，将土豆摆在羊肉旁一同烘烤。
7. 把羊肉从烤箱里拿出来，静置，将锡纸疏松地盖在羊肉上。
8. 将烤箱温度调至220摄氏度，再烤20分钟，烤至土豆呈金黄色。
9. 烤好的羊肉可搭配柠檬土豆、土豆蘸酱和柠檬楔一起食用。

美味的意大利兵豆蔬菜汤

素食者 | 准备 + 烹饪时间：50 分钟 | 4 人份

在寒冷的季节，炖肉通常是人们喜爱的治愈系美食，但一大碗兵豆汤也是很好的素食替代品。兵豆的蛋白质含量在所有豆类中排名第二，仅次于大豆，而且富含叶酸、维生素 B_6 和铁。

1 汤匙特级初榨橄榄油
1 个中等大小的洋葱（150 克），切碎
3 瓣大蒜，捣碎
2 茶匙磨碎的新鲜生姜
1 茶匙孜然粒，轻轻压碎
1 个新鲜的长红辣椒，切碎
1 个中等大小的胡萝卜（120 克），切碎
2 根修剪过的芹菜茎（200 克），切碎
2 片新鲜的香叶
3 枝新鲜的百里香，留出额外的备用
1¼ 杯（185 克）干的法国绿色兵豆，冲洗干净
¼ 杯（70 克）番茄酱
6 杯（1.5 升）蔬菜高汤
1½ 汤匙柠檬汁
盐和现磨黑胡椒粉
⅓ 杯（25 克）磨碎的帕尔马干酪
1 个新鲜的长红辣椒（备用），切成薄片

1 将橄榄油倒入一口大平底锅中，用中高火加热；放入洋葱、大蒜、姜、孜然、长红辣椒、胡萝卜和芹菜，翻炒10分钟或炒至蔬菜变软。

2 加入月桂叶、百里香、扁豆、番茄酱和高汤，煮沸；调成小火。煮20分钟，或者直到兵豆变软。加入柠檬汁并搅拌均匀，用盐和胡椒粉调味。

3 把汤舀进碗里，放上帕尔马干酪和多余的辣椒，还可依照自己的喜好在食用前撒上百里香。

三文鱼包配长土豆

鱼素者 | 准备 + 烹饪时间：50 分钟 | 2 人份

除金枪鱼外，三文鱼可能是世界上最受欢迎的鱼。三文鱼是最有益于心脏健康的鱼类之一，做法多样——烘烤、油煎或炙烤均可。它富含维生素和矿物质，如维生素 B_{12}、维生素 D 和硒，也是烟酸、Omega-3 脂肪酸、蛋白质、磷和钾的良好来源。

300 克长（手指）土豆，切成薄片
1 个小红洋葱（100 克），切成楔形
1 汤匙特级初榨橄榄油
½ 个中等大小的柠檬（70 克），切成薄片
1 个小番茄（90 克），切成薄片
2 × 180 克去皮无骨三文鱼片
2 茶匙刺山柑
1 茶匙茴香籽
100 克菠菜嫩叶
¼ 杯（15 克）新鲜的扁叶欧芹叶

1 将烤箱预热至200摄氏度。

2 将土豆和洋葱放入烤盘中，混合均匀；淋上一半的橄榄油，烤30分钟或烤到土豆表皮呈棕色并变软。

3 同时，将柠檬和番茄摆放在两张30平方厘米的烘焙纸上，撒上三文鱼、刺山柑和茴香籽；淋上剩下的橄榄油。把烘焙纸折成一个包裹，将三文鱼包裹起来，放到烤盘上烤8分钟，或者直至三文鱼达到你想要的成熟度。

4 将三文鱼包搭配土豆和洋葱一起食用；可在上面撒上菠菜嫩叶和欧芹叶。

提示

- 把三文鱼包裹起来烘烤，可以锁住汁水和蒸汽，使其口感更加湿润，风味绝佳。烹饪时间可根据切口的厚度进行适当调整。
- 可以尝试用肉质紧实的白鱼片或鸡胸肉来代替三文鱼。

奶酪和银甜菜配酥脆的种子

素食者 | 准备 + 烹饪时间：1 小时 20 分钟 | 6 人份

银甜菜的名字常常引起争议，有时被菜贩误称为“菠菜”，也常被大家称作“瑞士甜菜”。然而可以肯定的是，这个食谱中用的是银甜菜而不是菠菜，因为它的味道更浓郁，口感上更有韧性，而且叶子中水的含量比菠菜少得多，所以能让酥皮更酥脆。

6 个大茎银甜菜（牛皮菜）（480 克）
5 个鸡蛋
500 克硬里科塔干酪（见提示）
200 克希腊羊乳酪，切碎
1 杯（240 克）酸奶油
½ 杯（180 毫升）苏打水
盐和现磨黑胡椒粉
290 克千层酥
橄榄油烹饪喷雾
1 汤匙葵花子
1 汤匙南瓜子
希腊酸奶，备用
1 个中等大小的柠檬（140 克），切成楔形（柠檬楔）

提示

从熟食店购买的新鲜硬里科塔干酪是最佳选择。

1. 将烤箱预热至180摄氏度。准备一个22厘米×32厘米、深6厘米的烤盘，铺上一张可延至烤盘外2厘米的烘焙纸。
2. 将银甜菜的茎修剪掉4厘米，把叶子和茎分开。将叶子撕碎，再把茎切碎。准备4杯（180克）撕碎的叶子和1½杯（200克）切碎的茎。
3. 准备一口大号煎锅，倒入少量橄榄油，用大火加热；放入银甜菜叶子和茎，煎2分钟，直至起皱变软。当冷却到可以用手处理时，从银甜菜中挤出多余的液体，放在一边冷却。
4. 在一个大碗里打入4个鸡蛋，搅拌至混合均匀。加入里科塔干酪、羊乳酪、酸奶油、苏打水和银甜菜，搅拌均匀，用盐和胡椒粉调味。
5. 在盘底叠放5层酥皮，每层都要喷油；剩下的酥皮用烘焙纸盖好，上面再盖上一条干净、潮湿的茶巾，以防酥皮风干。将¼的奶酪混合物倒在酥皮上。
6. 在奶酪混合物上铺上2层酥皮，每层都要喷油。再将另外¼的奶酪混合物倒在酥皮上。重复以上步骤，再铺上2层酥皮，倒上剩下的奶酪混合物。铺好5层酥皮，每层都要喷油；放在奶酪混合物的顶部，把边缘处塞好。
7. 轻轻搅拌剩下的鸡蛋，将蛋液刷在馅饼的顶部。在馅饼上撒上备好的各种种子，烤40分钟或直到表皮呈金黄色并熟透。
8. 可将烤好的馅饼搭配希腊酸奶和柠檬楔一起享用。

周末娱乐

令人惊喜的新鲜食材与经典的地中海风味的碰撞，
使这些菜肴令人欲罢不能，无论是晚餐派对
还是与朋友聚餐，这些菜肴都能锦上添花，
让人眼前一亮。

西班牙冻汤配羊乳酪和大虾

鱼素者 | 准备 + 烹饪时间：20 分钟 | 6 人份

“gazpacho”一词源自阿拉伯语，意思是“浸泡过的面包”。这是一种源自西班牙南部的冷汤，由各种生蔬菜制成。这道菜的西班牙传统做法会使用面包丁，再依照自己的喜好加上切碎的蔬菜和鸡蛋。这个豪华版本中添加了虾和羊乳酪。

8 个中等大小的番茄（1.2 千克），切成大块

2 个中等长度的红椒（甜椒）（400 克），切碎

2 根中等大小的黄瓜（260 克），去皮，切碎

1 个小洋葱（80 克），切碎

3 瓣大蒜，捣碎

160 克酸面包，切碎

1¼ 杯（300 毫升）特级初榨橄榄油

½ 杯（125 毫升）红酒醋

1 杯（250 毫升）水

盐和现磨黑胡椒粉

1 千克煮熟的中等大小的大虾

4 片酸面包（200 克），留出额外的备用，去边

160 克希腊羊乳酪，切碎

2 汤匙新鲜的小片牛至叶

提示

尽量选用成熟番茄，这样这种经典的西班牙汤的味道会更加浓郁。

1 将番茄、辣椒、黄瓜、洋葱、大蒜、面包、1杯（240毫升）橄榄油、醋和水搅拌3分钟或直至顺滑绵密，用盐和胡椒粉调味。

2 将大虾剥皮、去虾线，留好尾巴。

3 把备好的酸面包撕成大块。在一个大煎锅里倒入2汤匙橄榄油，用中高火加热。放入面包，翻炒煎烤2分钟，或者直到面包丁变成金黄色。

4 将汤舀进碗里，再撒上面包丁、羊乳酪、大虾和牛至叶，把剩下的油淋到汤里。

鸡肉串配桃子意大利番茄沙拉

准备 + 烹饪时间：25 分钟 | 4 人份

传统的意大利番茄沙拉由新鲜的马苏里拉奶酪、罗勒和成熟的甜美番茄组成，简单却不失美味。这道菜通常被用作开胃菜，在这个版本中我们添加了烤鸡肉串和桃子，使这道小菜的风味变得更加丰富，同时又使马苏里拉奶酪的味道变得更加浓郁。

400 克鸡胸肉，切成 2 厘米的小块
1½ 汤匙特级初榨橄榄油（见提示）
盐和现磨黑胡椒粉
4 个中等大小的桃子（600 克）
250 克水牛马苏里拉奶酪，撕开（见提示）
2 个中等大小的番茄（300 克），切片
400 克混合纯种樱桃番茄，切成两半，如果太大可分为 4 等份（见提示）
½ 杯新鲜的小罗勒叶
1 汤匙白葡萄酒醋

开心果薄荷香蒜酱

½ 杯（70 克）开心果
1½ 杯（75 克）新鲜的薄荷叶
1 杯（60 克）新鲜的扁叶欧芹叶
1 瓣大蒜，捣碎
2 茶匙磨碎的柠檬皮
2 茶匙柠檬汁
½ 杯（125 毫升）特级初榨橄榄油

提示

- 可依照个人喜好，用混有辣椒的橄榄油来腌制鸡肉。水牛马苏里拉奶酪的味道比奶牛马苏里拉奶酪的味道更浓烈，因此可用奶牛马苏里拉奶酪来替代。
- 也可以依照个人喜好，将传统番茄换成樱桃番茄。

1. 制作开心果薄荷香蒜酱。混合或处理原料，直至顺滑绵密；用盐和胡椒粉调味。
2. 把桃子切成厚片，切的时候尽可能地贴近桃核，然后扔掉桃核。
3. 将鸡肉和1汤匙橄榄油放入一个中等大小的碗中，搅拌均匀，用盐和胡椒粉调味。将鸡肉穿到4个烤肉串上。
4. 准备一个烤盘（平底锅或烧烤架），预热涂油，放上鸡肉串煎烤8分钟。把桃子放到烤盘里，再煎烤2分钟，或者烤到鸡肉熟透，且桃子呈金黄色。
5. 将烤好的桃子与马苏里拉奶酪、番茄和罗勒分层叠放，淋上醋和剩下的橄榄油。在沙拉上放上鸡肉串，淋上香蒜酱享用。

鱼肉配松子、醋栗和黑甘蓝

鱼素者 | 准备 + 烹饪时间：25 分钟 | 4 人份

在这一意大利版本的菜谱中，用醋栗和葡萄作为酸甜酱甜味剂，将醋作为酸味剂。葡萄中含有被称为多酚的强力抗氧化剂，这种抗氧化剂可以减缓或预防多种癌症。红酒中的白藜芦醇是存在于红葡萄皮中的一种多酚，这种成分对心脏健康大有益处。

⅓ 杯（80 毫升）特级初榨橄榄油

1 个中等大小的红洋葱（170 克），对半切开，切成薄片

1 杯（170 克）小红葡萄，如果太大就对半切开

2 汤匙醋栗

300 克黑甘蓝（托斯卡纳卷心菜），修剪，切碎

¼ 杯（60 毫升）红酒醋

⅓ 杯（50 克）松子，烘烤

8 条无皮、无骨、肉质紧实的白鱼片（800 克）（见提示）

新鲜的扁叶欧芹，备用

1. 将¼杯（60毫升）橄榄油倒入一口大号深煎锅中，用中高火加热；放入洋葱，翻炒4分钟或炒至变软。加入葡萄和醋栗，翻炒1分钟；加入黑甘蓝和醋，翻炒1分钟，炒至黑甘蓝变软；加入松子。
2. 将剩余的油倒入一口大号煎锅中，用中高火加热；分成两批煎鱼，双面各煎1.5分钟或直至熟透。
3. 将鱼搭配黑甘蓝混合物，再撒上欧芹享用。

提示

可以使用任何白色肉的鱼，如鲈鱼、大比目鱼、牙鳕或海鲂鱼。

辣椒沙丁鱼意大利面配松子和醋栗

鱼素者 | 准备 + 烹饪时间：20 分钟 | 4 人份

干果一直以来都是地中海饮食中的重要组成部分。它可以即食，也可以放入传统菜肴中食用。真正的醋栗来自科林斯地区，是一种小巧的黑色果实，口味十分甘甜。希腊仍然是醋栗的主要生产国，全球醋栗总产量的 80% 来自希腊。

400 克意大利面
⅓ 杯（80 毫升）特级初榨橄榄油
2 × 120 克浸泡在柠檬、辣椒、大蒜油中的罐装沙丁鱼（见提示）
¼ 杯（40 克）松子，烘烤
¼ 杯（40 克）醋栗
2 汤匙柠檬汁
盐和现磨黑胡椒粉
2 茶匙磨碎的柠檬皮
½ 杯（30 克）新鲜的扁叶欧芹叶，切成大块
120 克芝麻菜叶
1 个小茴香球（130 克），修剪，切成薄片（见提示）
柠檬楔，备用

1. 准备一口大炖锅，注水加盐，煮沸后放入意大利面，煮至近乎柔软；捞出沥水，保留1杯（240毫升）煮面水备用。
2. 同时，在一口大煎锅里倒入¼杯橄榄油，用中火加热。加入沙丁鱼，翻炒2分钟或直到热透。
3. 加入意大利面、松子、醋栗和柠檬汁，用大火加热。加入足够的水润湿意大利面，翻炒2分钟，用盐和胡椒粉调味。
4. 将柠檬皮和欧芹叶放入一个小碗里混合均匀，取其中一半放入意大利面中拌匀。
5. 把芝麻菜和茴香放到一个碗里。
6. 把意大利面分别放到4个碗中，撒上剩余的柠檬皮混合物，淋上剩余的橄榄油。搭配芝麻菜、茴香沙拉和柠檬楔一起享用。

提示

- 沙丁鱼在大型超市和熟食店均有售卖。
- 可用削皮刀或 V 形切片机将茴香球切成薄片。

小羊羔肉、菠菜和羊乳酪馅饼

准备 + 烹饪时间：1 小时 20 分钟 + 静置 | 6 人份

这个馅饼的馅料里添加了味道浓郁的番茄羊肉酱，带有明显的希腊风味。若想分成单人份，可将馅料混合物舀入 6 个容量为 1 杯（250 毫升）的耐热盘中。把酥皮切成矩形小块，轻轻叠起，以覆盖馅料。在烘焙时需要留意，因为这种馅饼的烹饪时间与大号馅饼所用的时间不同。

¼ 杯（60 毫升）特级初榨橄榄油
2 个中等大小的洋葱（300 克），切碎
3 根修剪过的芹菜茎（450 克），切碎
4 瓣大蒜，捣碎
1 千克切碎的羊肉
½ 杯（125 毫升）干红葡萄酒
1½ 杯（375 毫升）蔬菜高汤
2 × 400 克罐装碎番茄
⅓ 杯（95 克）番茄酱
1 汤匙切碎的新鲜牛至叶
2 根肉桂棒
150 克希腊羊乳酪，切碎
100 克嫩菠菜叶
盐和现磨黑胡椒粉
2 张冷冻酥皮，稍微解冻
1 个鸡蛋
1 个蛋黄
1 茶匙海盐片
1 茶匙茴香籽

提示

可依照自己的喜好，用银甜菜（牛皮菜）或羽衣甘蓝代替菠菜；记得先去掉蔬菜中间的硬芯。

1. 将烤箱预热至220摄氏度。
2. 将橄榄油倒入一口大号煎锅中，用中火加热；放入洋葱和芹菜，翻炒5分钟或炒至食材变成浅棕色；加入大蒜，翻炒1分钟。
3. 调高温度，加入羊肉，翻炒至羊肉变成棕色，用木勺背把它弄碎。倒入葡萄酒，炖煮2分钟。加入高汤、番茄、番茄酱、牛至和肉桂，煮35分钟，直到液体蒸发，酱汁变稠；冷却。
4. 将羊乳酪和菠菜拌入羊肉混合物中，用盐和胡椒粉调味；用勺子将混合物放入一个直径为20厘米的圆形派盘或容量为6杯（1.5升）的耐热烤盘中。
5. 将每张酥皮切成10个相同大小的矩形。把矩形酥皮块放在顶部，稍微重叠以覆盖馅料。在酥皮上刷上打发好的鸡蛋和蛋黄混合液，撒上盐和茴香籽。
6. 烤25分钟，直到酥皮表面呈深金黄色。如果酥皮开始变成棕色，就用锡纸覆盖住。食用前应先放置10分钟。

辣虾仁白豆面包沙拉

鱼素者 | 准备 + 烹饪时间：20 分钟 | 4 人份

现代超市面包出现之前，全世界都有如何处理陈面包的食谱——面包沙拉是意大利解决这个古老问题的方法。面包沙拉最初是一道简单的农家菜，但长期以来一直深受人们的青睐，因为它不仅做法简单，而且可以让优质原料的味道散发出来。

160 克全麦酵母面包
橄榄油烹饪喷雾
1 个中等大小的柠檬（140 克）
800 克中等大小的熟虾
400 克罐装意大利白腰豆，沥干，冲洗
250 克混合樱桃番茄，切成两半
2 根中等大小的黄瓜（260 克），切碎
1 个小红洋葱（100 克），切成薄片
½ 杯（60 克）西西里橄榄，去核，切成两半
1 个新鲜的长红辣椒，切成薄片
1 杯（20 克）新鲜的罗勒叶
120 克软山羊奶酪，切碎
¼ 杯（60 毫升）特级初榨橄榄油
⅓ 杯（80 毫升）红酒醋
1 瓣大蒜，捣碎
盐和现磨黑胡椒粉

提示

- 若没有削皮器，也可以把柠檬皮磨碎。
- 可用腌制羊乳酪来代替山羊奶酪。
- 如果喜欢金枪鱼片，可以不用对虾，加入一罐金枪鱼，切成薄片，沥干。

1 将烤箱预热至220摄氏度，在一个大烤盘上铺上烘焙纸。

2 把面包撕成一口大小的碎片，放在铺有烘焙纸的烤盘上，喷油，烤5分钟或烤至金黄酥脆。

3 用剥皮器去除柠檬外皮（见提示）。将虾剥皮，留存尾部。

4 将面包、柠檬皮、对虾、意大利白腰豆、番茄、黄瓜、洋葱、橄榄、辣椒、罗勒叶和一半山羊奶酪放在一个大碗里，轻轻搅拌混合。

5 将橄榄油、醋和大蒜放在一个小碗里混合，用盐和胡椒粉调味。在食用之前，用勺子把调料淋在沙拉上，在顶部放上剩余的奶酪。

西班牙风味烟熏茄子鱼

鱼素者 | 准备 + 烹饪时间：55 分钟 + 静置 | 4 人份

红鲻鱼味道鲜美，颜色艳丽，因此备受地中海沿岸的人的喜爱。茄子富含花青素和类黄酮，不仅可以降低血压，还可以降低患心血管疾病的风险。茄子的亮紫色外皮中还含有大量的抗氧化剂——茄色苷。

4 个小茄子（400 克）
1 个中等长度的红辣椒（甜椒）（200 克）
盐和现磨黑胡椒粉
1 茶匙烟熏辣椒粉
2 汤匙特级初榨橄榄油
12 片红色鲻鱼片（960 克），带皮（见提示）
400 克罐装意大利白腰豆，沥干，冲洗干净
1 瓣大蒜，捣碎
1 汤匙柠檬汁
¼ 杯（15 克）新鲜的扁叶欧芹叶
柠檬楔，备用

1 将烤箱预热至200摄氏度，在烤盘上铺上烘焙纸。

2 将茄子纵向切成两半，每隔1厘米取肉。将辣椒分为4等份，去掉辣椒籽和薄膜。将茄子和辣椒带皮的一面朝上，摆放在铺有烘焙纸的烤盘上，烤30分钟，直到辣椒皮出水、变黑，茄子变软。把茄子盛放到一个耐热的碗中，密封焖5分钟。剥去蔬菜的外皮，将茄子切碎，辣椒切成厚片，用盐和胡椒粉调味。

3 将烟熏的红辣椒粉和一半的橄榄油放入一个中等大小的浅碗中，混合均匀，再放入鱼肉；翻拌至红辣椒粉和橄榄油完全包裹鱼肉。准备一口大号不粘锅，用大火加热；把鱼分成两批煎烤，先去皮，每面各煎1分钟或煎到熟透。盛放到一个盘子里；静置，用锡纸松散地覆盖其表面。

4 把剩下的橄榄油倒入同一口煎锅，用中火加热；放入白腰豆，翻炒，直至热透；用盐和胡椒粉调味。

5 将蛋黄酱、大蒜和柠檬汁放在一个小碗中混合均匀，制成蒜泥蛋黄酱，用盐和胡椒粉调味。

6 将茄子、辣椒和豆类混合均匀，上面放上鱼和欧芹。可搭配蒜泥蛋黄酱和柠檬楔一起享用。

提示

可以依照个人喜好，用奶油沙丁鱼片或其他白鱼片代替红鲻鱼。

羊肉配菠菜香蒜酱

准备 + 烹饪时间：35 分钟 | 4 人份

我们常理所当然地认为，坚果、种子和油性鱼是 Omega-3 脂肪酸的主要来源，但其实羊肉也是 Omega-3 脂肪酸的重要来源。羊肉还富含蛋白质和关键的营养素，如铁、锌、硒和维生素 B_{12}。建议尽量购买当地饲养或用草料饲养的羊肉，因为这种羊肉富含额外的营养成分，同时又可支持本地经营者的生意。

600 克羔羊背肉（腰眼）
1 瓣大蒜，捣碎
盐和现磨黑胡椒粉
1 汤匙特级初榨橄榄油
1 个小红洋葱（100 克），切成薄片
3 个中等大小的纯种番茄（450 克），分成 4 等份
25 克芝麻菜
½ 杯（100 克）腌制的软山羊奶酪
准备 2 汤匙腌制油（见提示）

菠菜香蒜酱

½ 杯（130 克）嫩菠菜香蒜酱（见提示）
¼ 杯（60 毫升）特级初榨橄榄油

提示

- 腌制的山羊奶酪中的油为这道菜增添了别样的风味。这里用的奶酪是用橄榄油、大蒜、百里香和辣椒的混合物腌制而成的。
- 如果有自制的香蒜酱，可按照个人喜好用自制香蒜酱或现成的香蒜酱代替嫩菠菜香蒜酱。

1. 将羊肉、大蒜和橄榄油放在一个中等大小的碗中混合均匀，用盐和胡椒粉调味。
2. 把洋葱放在预热过的刷油烤盘（平底锅或烤架）上煎烤，煎到变成棕色且变软，用盐和胡椒粉调味，再用锡纸盖住保温。
3. 将羊肉放在预热过的刷油烤盘（平底锅或烤架）上，不时转动，烤10分钟，至五分熟或按需要烤熟。盖上锡纸，静置5分钟，再切成厚片。
4. 制作菠菜香蒜酱。把原料放在一个小罐子里，摇匀，用盐和胡椒粉调味。
5. 将洋葱、番茄、芝麻菜和留存的腌制油放在一个大碗中，轻轻搅拌至混合均匀，用盐和胡椒粉调味。
6. 把羊肉放到沙拉中，搅拌至混合均匀。将沙拉摆放在一个盘子里，在上面撒上碎奶酪，淋上调味料。

煎鱼配番茄橄榄酱

鱼素者 | 准备 + 烹饪时间：50 分钟 | 6 人份

食用各种各样的海鲜对健康大有益处。鱼类中含有大量的维生素和矿物质，包括维生素 A、维生素 D、磷、镁和硒。海鲜中含有的大量的 Omega-3 脂肪酸，对我们的健康发育至关重要，并经证明有助于预防心脏病和脑卒中。

1 千克长（手指）土豆，纵向切成两半
2 汤匙红酒醋
¼ 杯（60 毫升）特级初榨橄榄油
400 克豆角，修剪好
½ 杯（75 克）中筋面粉
盐和现磨黑胡椒粉
12×80 克白鱼片，带皮
柠檬楔，备用

番茄橄榄酱

⅓ 杯（80 毫升）特级初榨橄榄油
2 瓣大蒜，捣碎
500 克葡萄（樱桃）番茄，切成两半
150 克去核的卡拉马塔橄榄，切成两半
½ 个小红洋葱（50 克），切碎
½ 杯新鲜的扁叶欧芹叶
2 汤匙柠檬汁

提示

酱汁可提前一天备好；煎鱼之前，在酱中加入欧芹、剩下的油和柠檬汁。

1 制作番茄橄榄酱。在一口中号炖锅中倒入1汤匙橄榄油，用中火加热；放入大蒜，翻炒，直至有香味溢出。加入番茄和橄榄，翻炒至热透。熄火，加入洋葱、欧芹、剩余的橄榄油和柠檬汁，用盐和胡椒粉调味。

2 把土豆放入一口大平底锅中，注入冷水，没过土豆，煮开。再煮8分钟或煮至变软，沥干。盛放到一个大碗中，淋上醋和1汤匙油，盖上盖子保温。

3 同时，在平底锅中注水煮沸，放入豆角，煮至变软，捞出沥水。浸入一碗冰水中冷却，排水。加入盛放土豆的碗中，轻轻搅拌至混合均匀。

4 用盐和胡椒粉给面粉调味；给鱼裹上调过味的面粉，甩掉多余的面粉。将剩下的橄榄油倒入一口大煎锅，用中火加热；煎鱼，带皮的一面朝下，分批煎烤，每条煎1.5分钟，或直至表皮酥脆。翻面，再煎1分钟，或者直至鱼肉熟透。

5 把土豆和豆子分放在盘子里，再放上鱼和沙拉。搭配柠檬楔一起享用。

烤鱿鱼配柠檬碎小麦烩饭

鱼素者 | 准备 + 烹饪时间：45 分钟 | 2 人份

干小麦被广泛用于中东美食，在地中海地区同样备受欢迎。你可依照自己的喜好，像吃米饭或蒸粗麦粉一样享用干小麦，感受其不俗的口感和坚果风味，还可以将其用在汤、炖菜和沙拉中。干小麦的脂肪含量低，矿物质和铁含量高，而且是植物性蛋白质的良好来源。

300 克清洗过的小鱿鱼头，纵向切成两半
3 瓣大蒜，捣碎
2 茶匙切碎的新鲜牛至叶
1 茶匙磨碎的柠檬皮
1 汤匙特级初榨橄榄油
1 个小洋葱，切碎
2 茶匙新鲜的柠檬百里香叶
½ 杯（100 克）粗小麦（干小麦）
2 杯（500 毫升）水
1 杯（140 克）冷冻豌豆
1 汤匙柠檬汁
2 茶匙新鲜的牛至叶，留存备用

1 用一把锋利的刀在鱿鱼内侧表面用十字刀划切（见提示），切出每条间隔1厘米的交叉图案，再切成4厘米宽的长条，然后放入一个碗中，加入1瓣大蒜、切碎的牛至叶、柠檬皮和2茶匙橄榄油，搅拌至混合均匀。

2 将剩下的橄榄油倒入一口中等大小的不粘锅中，用中火加热；放入洋葱、剩余的大蒜、百里香，翻炒5分钟或直至洋葱变软。

3 加入干小麦和水，不时搅拌，煮15分钟或直至干小麦变软。加入豌豆和柠檬汁，翻炒2分钟或直至热透。

4 在预热过的烤盘（平底锅或烧烤架）上煎烤鱿鱼，中途翻面，煎烤2分钟或烤至鱿鱼刚好熟透。

5 将烤鱿鱼搭配大麦混合物一起享用，还可以撒上备用的牛至叶。

提示

- 如果想自己处理鱿鱼，需要准备一条完整的鱿鱼（850 克）。
- 也可用薄鸡肉片或猪肉片来制作这道菜。

茴香

茴香是一种胡萝卜科花类植物。其鳞茎、芽、叶子和种子均可食用，因而广泛用于地中海的饮食烹饪中。茴香富含纤维、蛋白质、矿物质和B族维生素，是一种气味芳香、风味独特的食材。

枫糖烤茴香

纯素者 | 准备 + 烹饪时间：35分钟 | 4人份

将烤箱预热至200摄氏度。从4株小茴香球茎（520克）上摘下绿色的茴香叶，把茴香球茎切成两半，放在铺有烘焙纸的烤盘上。加入8根新鲜的百里香小枝和2汤匙纯枫糖浆和橄榄油，搅拌均匀，茴香切面朝下放在烤盘上，用盐和胡椒粉调味。烤25分钟或烤至变软且呈棕色。将茴香淋上香醋，撒上准备好的叶子和¼杯（40克）烤扁桃仁片。

茴香卷心菜沙拉

纯素者 | 准备 + 烹饪时间：15分钟 | 4人份

将350克白卷心菜丝放入一个大碗中，将1个中等大小（300克）的茴香球茎切成薄片，放入碗中。再将切好的1个绿辣椒的薄片、1杯新鲜的芫荽（16克）和新鲜的薄荷叶（50克）加入碗中，轻轻搅拌，直至混合均匀。将¼杯（60毫升）柠檬汁和特级初榨橄榄油放入一个小碗中，混合均匀，用盐和胡椒粉调味。将调味料淋在沙拉上，轻轻搅拌，直至混合均匀。

腌茴香意式烤面包

素食者 | 准备 + 烹饪时间：15分钟 + 静置 | 4人份

将1个小茴香球（200克）切成薄片，放入一个中等大小的碗中，加入1个压碎的蒜瓣、⅓杯（80毫升）白香醋、2茶匙细白砂糖和6片切好的萝卜薄片，搅拌至混合均匀，静置30分钟。将180克波斯羊乳酪抹在4片烤到微焦的酸面包上，上面撒上腌茴香。

葡萄柚茴香沙拉

纯素者 | 准备 + 烹饪时间：15分钟 | 4人份

将1个粉色葡萄柚（350克）切片，放入一个中等大小的碗中；将1个中等大小（300克）的茴香球切成薄片，和¼杯压碎的西西里橄榄一起放入碗中，轻轻搅拌，直至混合均匀。将¼杯（60毫升）葡萄柚汁、1个压碎的蒜瓣、1½汤匙雪利酒醋和2汤匙橄榄油放入一个小碗中，搅拌至混合均匀。在沙拉上淋上调味汁即可享用。

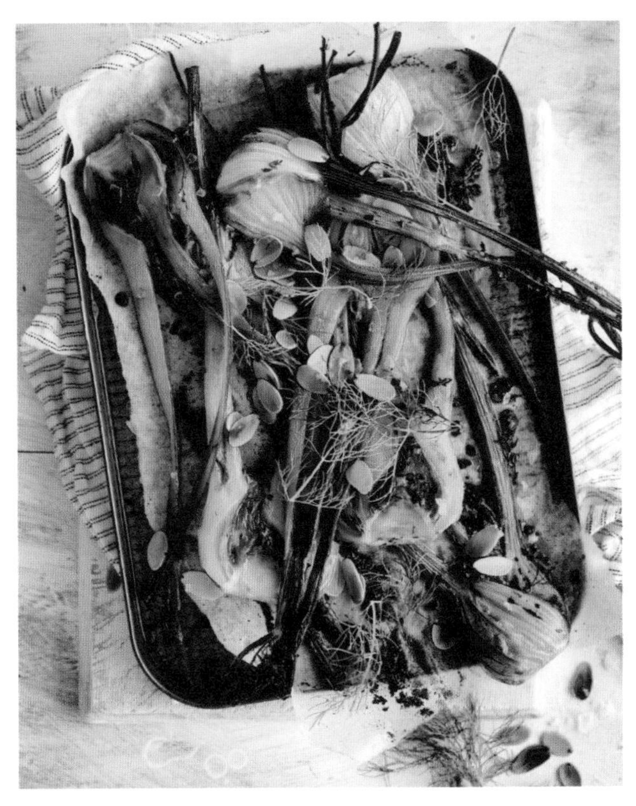

羊肉丸配西葫芦蘸酱

准备 + 烹饪时间：1 小时 15 分钟 + 冷藏 | 4 人份

传统的茄子蘸酱是一种由烟熏茄子、中东芝麻酱、橄榄油和各种香料制成的菜肴。在这个版本中，我们用烤西葫芦代替了茄子，使这道经典菜肴的口味更加清淡。中东芝麻酱是一种由去壳的烤芝麻制成的糊状物，大多数大超市和中东食品店均有售。

600 克去骨羊腿肉，切碎
1 个鸡蛋
2 茶匙孜然粉
1 瓣大蒜，捣碎
¾ 杯（36 克）切碎的新鲜薄荷叶
盐和现磨黑胡椒粉
1 个中等大小的柠檬（140 克）
1 杯（200 克）珍珠大麦
3 杯（750 毫升）水
1½ 杯（180 克）冷冻豌豆
⅓ 杯（80 毫升）特级初榨橄榄油
薄荷叶，准备多余的备用

西葫芦蘸酱

2 个未经修剪的大西葫芦（300 克）
1½ 汤匙特级初榨橄榄油
1 汤匙中东芝麻酱
½ 茶匙孜然粉
1 小瓣蒜，捣碎

提示

在用料理机处理肉丸混合物之前，将食品加工碗和刀片放在冰箱里冷藏 15 分钟，以确保能够切碎混合物，而不会将混合物绞成糊状。

1 将羊肉、鸡蛋、孜然和大蒜放入料理机中绞碎，再放入一个大碗中，加入¼杯（12克）切碎的薄荷，用盐和胡椒粉调味，揉搓2分钟或直至充分混合。将混合物分成8份，再捏成肉丸状，穿成串，冷藏1小时。

2 与此同时，将柠檬皮磨碎，并挤出果汁，储备1½汤匙果汁来制作蘸酱。

3 制作西葫芦蘸酱。先将烤箱预热至220摄氏度。把整个西葫芦放在烤盘上烤40分钟，或烤至变软且稍微变黑。将西葫芦、橄榄油、中东芝麻酱、孜然、大蒜和留存的柠檬汁放入料理机中打碎，用盐和胡椒粉调味。

4 将珍珠大麦和水放入一个中等大小的平底锅中，煮沸。调成小火，盖上盖子，煮35分钟或煮到变软，捞出沥水。将豌豆放入沸水中，炖煮2分钟或直至变软，捞出沥水。

5 将珍珠大麦、豌豆、柠檬皮、切碎的剩余薄荷和2汤匙橄榄油放入一个大碗中，轻轻搅拌，直至混合均匀，用盐和胡椒粉调味。

6 用剩下的橄榄油刷一下肉丸；将肉串放在预热过的烤盘（或烤架）上，用中火加热，不时翻转，烤10分钟或根据个人需要烤至想要的熟度。

7 可将肉丸搭配蘸酱和珍珠大麦沙拉，撒上薄荷叶享用。

烤鱼配块根芹和茴香沙拉

鱼素者 | 准备 + 烹饪时间：1 小时 + 冷藏和静置 | 8 人份

烤一整条鱼可能听起来有些让人手足无措，但其实也没什么大不了的，一旦装盘端上桌，往往能给人眼前一亮的惊艳感。杜松子果并不是真正的浆果，而是各种杜松树的种子。杜松子果是一种欧洲菜肴中的香料，也为杜松子酒赋予了独特的风味。杜松子果是唯一的从针叶树木中提取的香料。

8 条完整的白色小鱼（2.6 千克），处理干净（见提示）
盐和现磨黑胡椒粉
8 个百里香枝叶，打理好备用
2 瓣大蒜，切成薄片
1 汤匙干杜松子
¼ 杯（60 毫升）特级初榨橄榄油
1 汤匙磨碎的柠檬皮或柠檬条
柠檬楔，备用

块根芹和茴香沙拉

700克芹菜根，去皮，切成细条（见提示）
2 个小茴香球茎（400 克），修剪，切成薄片（见提示），留存叶子
⅓ 杯（20 克）新鲜的扁叶欧芹叶
⅓ 杯（80 毫升）柠檬汁
¼ 杯（60 毫升）特级初榨橄榄油

提示

- 可以使用任何自己喜欢的白色小鱼做这道菜。询问一下鱼贩，看看有什么本地鱼或应季鱼类可用。
- 可以使用削皮刀或 V 形切片机将根芹切成条状，将茴香切成薄片，方便快捷。

1. 把鱼内外清洗干净，用纸巾拍干，再用盐和胡椒粉将鱼内外调味。在两侧最厚的部位划3刀，放在烤盘上。在每个切口中放一根百里香枝、一些预留的茴香叶和一片大蒜。用臼和杵把杜松子果磨成粗粉。在鱼身上涂上一半橄榄油、柠檬皮和杜松子粉，冷藏1小时。
2. 制作块根芹和茴香沙拉。将食材放入一个大碗中混合均匀，用盐和胡椒粉调味。
3. 将烤箱预热至180摄氏度，在一个大烤盘上铺上烘焙纸。
4. 用剩下的橄榄油刷鱼；将鱼放在铺有烘焙纸的烤盘上，烤18分钟或直至熟透。盖上锡纸，静置5分钟。
5. 将鱼搭配沙拉和柠檬楔一起享用。

海鲜配番红花炖菜

鱼素者 | 准备 + 烹饪时间：1 小时 | 4 人份

如果贻贝煮熟时还没有开壳，就应该丢掉，因为这个贻贝“变质了”，这个误解由来已久。这是一种错误的观点。烹饪软体动物时，壳里的肉会变得更加柔软，进而使壳紧闭。如果贻贝在烹饪过程中没有打开，那是因为肉尚未充分变软，但实际上可以食用。

4 个清理过的小鱿鱼头（480 克）（见提示）
250 克黑色小贻贝（见提示）
1 汤匙特级初榨橄榄油
2 个中等大小的洋葱（300 克），切碎
2 瓣大蒜，捣碎
3 条宽橙皮（见提示）
1 个新鲜的长红辣椒，切碎
少许番红花丝
⅓ 杯（80 毫升）干白葡萄酒
2×400 克罐装番茄罐头
4 杯（1 升）鱼高汤
1 千克未煮熟的大虾，剥皮，去内脏，保存虾尾
200 克蚬（蛤蜊），清洗干净
200 克小八爪鱼，清洗干净
2 个小茴香球茎（260 克）
2 汤匙柠檬汁

提示

- 如果想自己清理鱿鱼，需要 4 整只鱿鱼。
- 丢掉在烹饪前就已开壳的或有异味的贻贝。
- 可用削皮刀来获取宽橙皮，注意不要削下太多的橙络，否则菜肴会变苦。

1 用一把锋利的刀把鱿鱼罩横向切成1厘米的鱿鱼圈。擦洗贻贝，去掉须状物。

2 在一个大平底锅里加热橄榄油；放入洋葱，翻炒至变软；加入大蒜，继续翻炒1分钟。

3 在葱蒜混合物中加入橙皮、辣椒、番红花和酒，翻炒2分钟。加入番茄，炖煮10分钟或炖至混合物微微变稠。加入高汤，炖20分钟或炖至液体减少大约¼。

4 加入鱿鱼、对虾、清洗过的贻贝、蛤蜊和八爪鱼。盖上盖子焖煮，不时搅拌，煮5分钟，或者煮到海鲜刚刚熟。

5 同时，打理茴香，保留叶子。用削皮刀或V形切片机把茴香切成非常薄的薄片。将茴香和柠檬汁放入一个小碗中，搅拌均匀。

6 在炖菜上撒上茴香调味料和保留的茴香叶即可享用。

烤迷迭香猪肉、茴香和土豆

准备 + 烹饪时间：1 小时 15 分钟 + 静置 | 4 人份

茴香是一种酥脆的绿色蔬菜，可放在沙拉中生吃，也可作为配菜炒着吃，用作汤和酱汁的配料也是不错的选择。茴香的名字取自有强烈甘草味的植物风干后的种子。其希腊语意为“马拉松”，而著名的马拉松之战发生地的字面意思正是生长着茴香的平原。

1 汤匙切碎的新鲜迷迭香叶

2 茶匙切碎的新鲜牛至叶

2 茶匙茴香籽

½ 茶匙干辣椒片

⅓ 杯（80 毫升）特级初榨橄榄油

盐和现磨黑胡椒粉

4 个小茴香球（800 克），修剪后分成 4 等份

800 克长（手指）土豆，纵向对半切开

500 克猪里脊肉

柠檬楔，备用

1. 将烤箱预热至220摄氏度。
2. 将迷迭香、牛至叶、茴香籽、辣椒和¼杯（60毫升）橄榄油放入一个小碗中搅拌均匀，用盐和胡椒粉调味。把茴香球和土豆放在一个大烤盘里，淋上⅔的迷迭香混合物，搅拌至混合均匀，烤30分钟。
3. 将剩下的迷迭香混合物涂抹在猪肉上，把剩下的橄榄油倒入一口重型煎锅中，用高温加热。放入猪肉，煎烤5分钟，不时翻面，直至整体呈棕色。
4. 翻拌土豆和茴香球，把猪肉放在蔬菜上，烤20分钟，或直至猪肉完全熟透。用锡纸松散地盖住猪肉，静置5分钟。
5. 把猪肉切成片，搭配土豆、茴香和柠檬楔一起享用。

提示

- 可用鸡胸肉代替猪肉。
- 还可依照个人喜好在上桌前撒上茴香叶和新鲜的牛至叶。

辣汤贻贝配翡麦

鱼素者 | 准备 + 烹饪时间：1 小时 35 分钟 | 4 人份

和大多数海鲜一样，贻贝富含 Omega-3 脂肪酸，对健康有多种好处，如降低患癌症和心血管疾病的风险，减轻像关节炎这样的炎症症状，还有改善大脑功能的功效。贻贝的热量和脂肪含量也相对较低，但富含蛋白质、维生素和矿物质。

1 千克黑色贻贝（见提示）

1 杯（250 毫升）干白葡萄酒

1 汤匙特级初榨橄榄油

1 个中等大小的洋葱（150 克），切碎

2 根芹菜（300 克），修剪好，纵向对半切成薄片

400 克小胡萝卜，修剪后切成薄片

2 汤匙番茄酱

1 杯（170 克）全谷物青小麦翡麦（见提示）

½ 茶匙干辣椒片

3 杯（750 毫升）鱼肉高汤

切碎的新鲜扁叶欧芹，备用

柠檬楔，备用

1. 擦洗贻贝，去掉须状物。
2. 准备一口大平底锅，倒入葡萄酒，用中高火加热，煮沸。加入贻贝，盖上盖子，煮8分钟或直至贻贝开壳（见提示）。把贻贝放入滤锅里，放在一个大的耐热碗上，保留烹饪产生的汁液；用锡纸松散地盖住贻贝以保温。
3. 在同一口锅中倒入橄榄油，用中火加热；将洋葱、芹菜和胡萝卜放入锅中，翻炒3分钟或炒到洋葱变软。加入番茄酱、翡麦和辣椒片，翻炒1分钟或直至有香味飘出。加入高汤和保留的汁液，煮沸。调成小火，将盖子稍微敞开，煮1小时，直到翡麦变软。
4. 把贻贝放入平底锅中，煮2分钟或直至热透。
5. 在贻贝和翡麦的混合物上撒上欧芹，搭配柠檬楔一起食用。

提示

- 有些贻贝在烹饪后可能不会开壳；可能需要用刀小心操作。
- 翡麦是一种古老的谷物食品，由烤过的青小麦制成；健康食品专卖店和一些熟食店均有售。

烤三文鱼配塔博勒沙拉和芝麻酱

鱼素者 | 准备 + 烹饪时间：50 分钟 | 4 人份

漆树果粉可为菜肴增添一种酸酸的柠檬风味，搭配鱼类风味绝佳，堪称完美。在柠檬被引入罗马人的烹饪世界之前，他们就用这种香料作为酸味剂。漆树果粉也可搭配鸡肉和其他肉类，或撒在蔬菜上，抑或是作为沙拉酱料——配任何与新鲜的柑橘味相搭配的食物都有不俗的效果。

700 克无皮、无骨三文鱼片
1½ 茶匙漆树果粉
2 汤匙特级初榨橄榄油
盐和现磨黑胡椒粉
柠檬楔，备用

塔博勒沙拉

1 杯（30 克）新鲜的扁叶欧芹叶
¼ 杯（12 克）新鲜的小薄荷叶
2 根大葱（小葱），切成薄片
½ 杯（80 克）硬质小麦（保加利亚小麦）
1½ 杯（375 毫升）水
200 克祖传小番茄，分成 4 等份（见提示）
1 汤匙柠檬汁

芝麻酱

½ 杯（140 克）希腊酸奶
1½ 汤匙中东芝麻酱
1 瓣大蒜，捣碎
2 茶匙柠檬汁

提示

- 可依照个人喜好，使用樱桃番茄或李子番茄制作这道菜。
- 可以提前几个小时制作塔博勒沙拉和芝麻酱；然后密封冷藏，需要时再取出。

1. 制作塔博勒沙拉。将香草和葱放在一个大碗中混合均匀，保留一半的混合物备用。在一口小炖锅里放入小麦并加水，煮沸；调成小火，煮20分钟或煮到小麦变软，捞出沥水。把小麦盛放到一个大碗中，加入番茄和柠檬汁，轻轻搅拌，直至混合均匀，用盐和胡椒粉调味。
2. 制作芝麻酱。将食材放在一个小碗中，搅拌至混合均匀，用盐和胡椒粉调味。
3. 将烤箱预热到200摄氏度。
4. 准备一个烤盘，铺好烘焙纸。将三文鱼放在烤盘上，撒上1茶匙漆树果粉，淋上橄榄油，用盐和胡椒粉调味。烤20分钟，直至三文鱼近乎熟透。
5. 在烤三文鱼上放上备用的香草混合物，撒上剩余的漆树果粉；搭配塔博勒沙拉、芝麻酱和柠檬楔一起享用。

扁桃仁格莱莫拉塔调味酱烤鸡

准备 + 烹饪时间：2 小时 | 4 人份

格莱莫拉塔调味酱是一种多功能调味料，也是一种配菜。菜品端上桌前，淋上格莱莫拉塔调味酱，在热气的作用下，食材香味四溢，足以刺激人的味蕾，令人食欲大增。这种调味酱最初的做法是以大蒜、柠檬皮和欧芹为基础食材，也可使用其他食材，如柑橘皮、松子和磨碎的帕尔马干酪。在这个菜谱中，我们添加了烤扁桃仁，使菜肴的口味更加丰富，口感更加酥脆。

½ 杯（80 克）烤扁桃仁，切碎
4 片新鲜的鼠尾草叶
1 茶匙磨碎的柠檬皮（见提示）
2 瓣大蒜，切碎
⅓ 杯（80 毫升）特级初榨橄榄油
盐和现磨黑胡椒粉
1.8 千克的整鸡
¼ 捆芹菜（375 克），保留发白的内叶
¼ 条（150 克）酸面包，撕成 4 厘米的小块
2 根欧洲防风草（240 克），切成 8 段
2 捆（800 克）彩虹迷你胡萝卜，修剪好，纵向切半
1 杯（250 毫升）鸡汤

扁桃仁格莱莫拉塔调味酱

½ 杯（80 克）切碎的烤扁桃仁
1 小瓣蒜，捣碎
3 茶匙磨碎的柠檬皮（见提示）
⅓ 杯切碎的新鲜扁叶欧芹叶

提示

可依照个人喜好，用橙皮代替柠檬皮腌制鸡肉和制作扁桃仁格莱莫拉塔调味酱。

1. 将烤箱预热至200摄氏度；准备一个大烤盘，涂油。
2. 将扁桃仁、鼠尾草、柠檬皮、大蒜和1汤匙橄榄油放入搅拌机或手动搅拌至糊状，用盐和胡椒粉调味。
3. 用纸巾把鸡肉擦干，将扁桃仁混合物均匀地抹在鸡皮、鸡胸和大腿顶部之间，把鸡肉放在涂油的平底锅中，用盐和胡椒粉调味。
4. 把芹菜放在鸡肉周围，在顶部放上面包，再淋上1½汤匙的橄榄油。
5. 把欧洲防风草、胡萝卜和高汤放在另一个大烤盘里，淋上剩下的橄榄油，用盐和胡椒粉调味。将鸡肉和蔬菜烤1¼小时或直至鸡肉熟透。将鸡胸肉面朝下放到一个托盘里，用锡纸松散地盖住，静置15分钟。再将蔬菜烤20分钟，烤到蔬菜表面呈金黄色且变软。
6. 制作扁桃仁格莱莫拉塔调味酱。将材料放在一个小碗中混合均匀，用盐和胡椒粉调味。
7. 将鸡肉搭配酸面包和蔬菜，再淋上扁桃仁格莱莫拉塔调味酱即可食用。

普罗旺斯牛肉砂锅菜

准备 + 烹饪时间：1 小时 50 分钟 | 4 人份

如果你不愿意喝这瓶酒，就不要用这瓶酒来烹饪菜肴——这是选择烹饪用酒的铁律。廉价、低质量的葡萄酒会使菜肴的味道大打折扣，效果远不及使用可口的葡萄酒。砂锅菜味道浓郁，可搭配土豆泥或硬皮面包一起享用。

2 汤匙特级初榨橄榄油

1 千克瘦牛肉，切成 2 厘米大小的小块（见提示）

2 片无皮培根片（130 克），切成大块

1 把韭葱（可用大葱代替）(350 克)，切碎

2 个中等大小的胡萝卜（240 克），切丁

1 根芹菜茎（150 克），修剪好，切丁

2 瓣大蒜，捣碎

400 克罐装碎番茄

1½ 杯（375 毫升）牛肉高汤

1 杯（250 毫升）干红葡萄酒

2 片月桂叶

4 枝新鲜的百里香

6 枝新鲜的扁叶欧芹

2 个中等大小的西葫芦（240 克），切成厚片

½ 杯（75 克）去核黑橄榄

提示

瘦牛肉选用的是牛小腿肉，这种牛肉稍加烹饪就可熟透，如果保留骨头就是著名的红烩牛膝，常出现在意大利菜肴中。

1 将橄榄油倒入一口重型大炖锅中加热；分批炖煮牛肉，煮到牛肉呈棕色，再从平底锅中取出。

2 将培根、韭葱、胡萝卜、芹菜和大蒜放在同一口煎锅中，翻炒5分钟，或者炒到韭葱变软。

3 把牛肉放回煎锅中，加入番茄、高汤、葡萄酒、月桂叶、百里香和欧芹，煮沸。调成小火，盖上盖子，炖煮1小时，不时搅拌。

4 加入西葫芦和橄榄，盖上盖子，煮30分钟或煮至牛肉变软。食用前，取出百里香和欧芹并扔掉。

胡萝卜和卷心菜酥皮派

素食者 | 准备 + 烹饪时间：1 小时 + 冷却 | 6 人份

种子和坚果个头虽小，其中所含的营养成分却极其丰富。尤其是核桃，能提供一系列抗氧化和抗炎的营养物质，还富含珍贵的单不饱和脂肪酸和 Omega-3 脂肪酸。烘烤过后，种子和坚果的味道会更加浓郁，甚至变得更加新鲜。

½ 杯（125 毫升）特级初榨橄榄油
1 大把韭葱（可用大葱代替）(500 克)，只留白色的部分，切碎
3 瓣大蒜，捣碎
2 茶匙葛缕子种子
3 个中等大小的胡萝卜（360 克），磨成粗粒
375 克皱叶甘蓝，切碎
⅓ 杯（55 克）醋栗
⅓ 杯（16 克）切碎的新鲜薄荷
14 片酥皮（210 克）

种子酱料

¼ 杯（50 克）南瓜子
¼ 杯（35 克）碎扁桃仁
¼ 杯（25 克）切碎的核桃
1 汤匙芝麻

草本植物沙拉

1 个中等大小的黄瓜（130 克）
½ 杯（30 克）新鲜的扁叶欧芹叶
½ 杯（30 克）新鲜的皱叶欧芹叶
¼ 杯（12 克）新鲜的薄荷叶
¼ 杯（6 克）新鲜的莳萝（茴香）
2 根大葱（小葱），切成薄片
1 汤匙红酒醋
2 汤匙特级初榨橄榄油
盐和现磨黑胡椒粉

1 将⅓杯（80毫升）橄榄油倒入一口大煎锅里，用中火加热；放入韭葱、大蒜和葛缕子的种子，翻炒5分钟；加入胡萝卜，翻炒3分钟；加入卷心菜，再翻炒5分钟，或者直至蔬菜变软；加入醋栗和薄荷搅拌均匀，冷却。

2 制作种子酱料。将食材放入一个小碗中混合均匀。

3 将烤箱预热至180摄氏度。

4 将馅料分成7个部分。在一片酥皮上刷上一点橄榄油，再叠上第二张。用烘焙纸盖住剩下的酥皮，上面再铺上干净、潮湿的茶巾，以防酥皮风干。将一份馅料纵向盛放到酥皮边缘处，使馅料呈细长条状；用酥皮将馅料卷起来。准备一个直径为24厘米的脱底烤盘，从中心开始摆放酥皮卷；将酥皮卷封边面朝下，小心地将酥皮卷首尾相连，形成一个圆圈。重复以上的操作，处理剩下的酥皮、橄榄油和馅料，将所有酥皮卷连起来，直至摆满整个烤盘盘底，然后在上面刷上橄榄油。

5 将酥皮派烘烤20分钟；将种子酱料均匀地淋到馅饼上，再烘烤10分钟，烤到派表皮呈金黄色。

6 制作草本植物沙拉。用蔬菜削皮器将黄瓜削成条状。将黄瓜放入一个中等大小的碗中，加入剩下的配料，轻轻搅拌至混合均匀，用盐和胡椒粉调味。

7 将酥皮派搭配草本植物沙拉一起端上桌。

法式烤羊肉

准备 + 烹饪时间：2 小时 30 分钟 | 4 人份

这款美味的治愈系菜肴——法式烤羊肉将成为周日最佳美食。羊腿用经典的方式进行腌制——各处扎孔，然后在孔内嵌入大蒜和迷迭香。在布列塔尼地区，这道菜被赋予了独特的法式风味，做法是先加入白豆、番茄和高汤，然后放入烤箱烘烤 2 小时。这道菜可搭配土豆泥和蒸熟的绿色蔬菜一起享用。

1.5 千克羊腿
1 瓣大蒜，切成薄片
2 枝新鲜的迷迭香
1 汤匙特级初榨橄榄油
2 个中等大小的洋葱（300 克），切成薄片
3 瓣大蒜，捣碎
400 克罐装碎番茄
410 克番茄酱（番茄糊）
2 杯（500 毫升）牛肉高汤
400 克罐装意大利白腰豆，排水沥干，冲洗干净（见提示）

1 将烤箱预热至180摄氏度。

2 去掉羔羊肉上多余的脂肪，用一把锋利的刀在几处穿孔，在孔中塞入大蒜片和一点迷迭香，用盐和胡椒粉给羊肉调味。

3 将橄榄油倒入一口大号的耐火烤盘中，用中火加热；放入洋葱和大蒜，翻炒5分钟，或者炒到洋葱稍微变黄。加入番茄、番茄糊、高汤、豆类和剩下的迷迭香，翻拌，煮沸。

4 将羊肉穿孔面朝下，放在豆子混合物上，盖上盖子；将羊肉放入烤箱，烘烤1小时。打开盖子，小心地转动羊肉；烘烤过程中，不时刷上番茄混合物，用中火烤1小时或烤到自己喜欢的熟度。

提示

可依照个人喜好用罐装扁豆代替意大利白腰豆。

黑米海鲜肉菜饭

鱼素者 | 准备 + 烹饪时间：1 小时 | 6 人份

各种短粒米，如黑米是制作海鲜饭的最佳选择。黑米为这道菜增添了一种讨喜的坚果的味道，煮熟后，黑米几乎会变成紫色。制作这道西班牙美食通常会用一种浅而宽的平底锅。如果你没有足够大的海鲜饭锅或厚底煎锅，也可以使用两个较小的煎锅，因为混合物应该只有大约 4 厘米深。

8 只生大虾（560 克）
¼ 杯（60 毫升）特级初榨橄榄油
1 个中等大小的白洋葱（150 克），切碎
1½ 茶匙烟熏辣椒粉
1 个小红辣椒（甜椒）（150 克），切成厚片
2 瓣大蒜，切碎
1 杯（200 克）黑米，洗净
400 克樱桃番茄
2 杯（500 毫升）蔬菜高汤
2 杯（500 毫升）水
300 克无骨硬白鱼片，切成 4 厘米小块
4 个半壳扇贝（100 克）
8 个蚬（蛤蜊）（320 克）
盐和现磨黑胡椒粉
¼ 杯（15 克）新鲜的扁叶欧芹叶
柠檬楔，备用

1 将大虾剥壳去皮，留存尾部。

2 将橄榄油倒入一口重型煎锅或西班牙海鲜饭锅中，用中火加热；放入洋葱，翻炒3分钟或炒至洋葱变软。加入辣椒粉、辣椒、大蒜和米饭，翻炒2分钟或直至混合均匀。加入番茄、高汤和水，煮沸。调成小火，不时搅拌，炖煮40分钟，或直至大部分汤汁被吸收且米饭变软。

3 将海鲜放在米饭的混合物上，用盐和胡椒粉调味。盖上盖子，焖5分钟，或者直至海鲜熟透。

4 将海鲜饭搭配欧芹和柠檬楔一起享用。

提示

黑米在一些超市和亚洲食品店均有售。

沙拉和配菜

从风味浓郁和活力四射的彩色沙拉
到谷物、鱼和美味的蘸酱，
这些菜都足以成为
餐桌上的焦点。

南瓜饼配扁桃仁蘸酱

纯素者 | 准备 + 烹饪时间：45 分钟 | 4 人份

“fattch”是一个阿拉伯词汇，意为“压碎的”或“碎块”。在食谱中，它是指一种上面盖有其他食材的（正如这道沙拉中的蔬菜）面饼，面饼可能是新鲜的，也可能是烘烤过的。你可以多准备一些，用作蘸酱或莎莎酱的伴侣，抑或作为健康零食，或者作为聚餐时的前菜。

800 克小肯特南瓜，切成楔形
¼ 杯（60 毫升）特级初榨橄榄油
1½ 汤匙扎塔尔
盐和现磨黑胡椒粉
2 个中等大小的红色辣椒（400 克），切成厚片
1 个中等大小的红洋葱（170 克），切成厚片
1 大圈全麦黎巴嫩圆面包（100 克），分成两圈
300 克罐装鹰嘴豆，排水沥干，冲洗干净
2 汤匙松子，烘烤后备用
⅓ 杯（15 克）新鲜的扁叶欧芹叶
⅓ 杯（16 克）新鲜的薄荷叶
柠檬楔，备用

扁桃仁蘸酱

1 杯（160 克）扁桃仁片
2 瓣大蒜，捣碎
1 杯（70 克）切碎的陈面包
2 汤匙白葡萄酒醋
⅓ 杯（80 毫升）特级初榨橄榄油
½ 杯（125 毫升）水

提示

- 可以用更容易买到的白胡桃南瓜（冬南瓜）来代替肯特南瓜。
- 可以提前准备沙拉，先不用准备面包。可用面包搭配沙拉或将面包作为配餐端上桌。

1 将烤箱预热至220摄氏度。准备两个大烤盘，铺上烘焙纸。

2 把南瓜楔摆放在其中一个烤盘上，淋上1汤匙橄榄油，再撒上1汤匙扎塔尔，用盐和胡椒粉调味；烤30分钟或烤到南瓜变软。同时，将辣椒和洋葱放在另一个烤盘上，再淋上1汤匙橄榄油，用盐和胡椒粉调味；烤20分钟或烤到辣椒和洋葱变软。

3 把面包放在第三个没有烘焙纸的烤盘上，轻轻刷上剩下的橄榄油，用盐和胡椒粉调味。烤3分钟或烤到面包酥脆，冷却，将其弄碎。

4 制作扁桃仁蘸酱。将扁桃仁放在一口厚底煎锅中；从中火逐渐调高温度，不断搅拌，直至食材变成棕色。将食材从锅中盛出，冷却。将扁桃仁、大蒜、面包和醋放入料理机中打碎，直至形成湿润的面包块。在机器运行时，缓慢且稳定地加入橄榄油；加水，继续搅拌，直至混合物变得顺滑绵密，用盐和胡椒粉调味。

5 将蔬菜、鹰嘴豆、松子、欧芹和薄荷放在一个浅盘上，上面撒上剩余的扎塔尔。搭配扁桃仁、烤面包和柠檬楔一起享用。

嫩甜菜根、小扁豆和豆瓣菜沙拉

纯素者 | 准备 + 烹饪时间：40 分钟 | 4 人份

法式绿扁豆是著名的法国绿色兵豆的“近亲”；这些青绿色的小扁豆有坚果和泥土的味道。它质地较硬，可以迅速煮熟且不会融化。这种扁豆比普通的扁豆更能保持形状，非常适合做丰盛的沙拉，也是汤和炖菜的完美搭档。

1 千克嫩甜菜根，茎叶相连
2 瓣大蒜，切片
¼ 杯（15 克）新鲜的迷迭香叶
2 汤匙特级初榨橄榄油
¼ 杯（60 毫升）意大利黑醋
½ 杯（100 克）干的法式绿扁豆，冲洗干净
3 杯（90 克）修剪过的豆瓣菜
1 个大石榴（430 克），剥出石榴籽（见提示）
⅓ 杯（45 克）烤榛子，切成两半
盐和现磨黑胡椒粉

1 将烤箱预热至200摄氏度。

2 将甜菜根顶部修剪到4厘米长，保留几片小叶子。将甜菜根切成两半，如果太大就切成4瓣。

3 将小扁豆放入一口中等大小的平底锅中，倒入水，使其没过小扁豆。将小扁豆煮25分钟或煮到变软。用冷水冲洗，捞出沥水。

4 将小扁豆、烤甜菜根和烹饪汁液、豆瓣菜、一半石榴籽和一半榛子放在一个大碗中，轻轻搅拌，直至混合均匀，用盐和胡椒粉调味。

5 盛放到一个大碗或浅盘里，上面放上剩下的石榴籽、榛子和留存的甜菜根叶。

提示

剥石榴籽时，可先将石榴横切成两半；用手握住半个石榴，切面朝向一个小碗，然后用木勺狠狠击打石榴外侧。这样石榴籽就会轻易地掉落下来；挑出随之掉落的白色经络。重复以上步骤，处理剩下的一半石榴。

烤胡萝卜、小萝卜和鸡蛋沙拉配罗密斯科酱

素食者 | 准备 + 烹饪时间：40 分钟 | 4 人份

罗密斯科酱起源于西班牙的加泰罗尼亚地区，是一种由扁桃仁酱和红辣椒混合而成的酱汁。春天，将西班牙烤大葱——一种原产于加泰罗尼亚的葱置于明火上烤至烧焦，搭配罗密斯科酱食用，风味极强。罗密斯科酱是一种不错的奶油酱和香蒜酱的替代品。

800 克彩色小胡萝卜，修剪后备用
1½ 汤匙特级初榨橄榄油
盐和现磨黑胡椒粉
4 个鸡蛋
300 克小萝卜，修剪好，切成两半
⅓ 杯（15 克）新鲜的扁叶欧芹叶

罗密斯科酱

260 克罐装烤红辣椒（甜椒），沥干
1 瓣大蒜，捣碎
½ 杯（80 克）扁桃仁片，烤熟
2 汤匙雪利醋
1 茶匙烟熏辣椒粉
2 汤匙切碎的新鲜扁叶欧芹叶
⅓ 杯（80 毫升）特级初榨橄榄油

1 将烤箱预热至200摄氏度。

2 把胡萝卜放在一个大的烤盘上，淋上橄榄油，用盐调味，烤20分钟或直至变软且呈浅棕色。

3 制作罗密斯科酱。将原料放入料理机中搅拌至顺滑绵密，用盐和胡椒粉调味。

4 把鸡蛋放入一口小平底锅中，倒入可没过鸡蛋的冷水，煮沸。煮2分钟或直至鸡蛋微熟，用冷水冲洗，捞出沥水。待冷却到可以用手处理时，剥去鸡蛋皮，将鸡蛋掰成两半。

5 把胡萝卜、小萝卜和鸡蛋放在一个盘子里，撒上欧芹叶，用胡椒粉调味。搭配罗密斯科酱享用。

提示

通常可搭配鱼肉享用，也可用罗密斯科酱搭配羊肉或鸡肉、蔬菜沙拉或脆皮面包享用。

烤菜花、黑甘蓝和调味鹰嘴豆

纯素者 | 准备 + 烹饪时间：40 分钟 | 4 人份

鹰嘴豆是一种富含蛋白质、纤维和叶酸的豆科植物，却经常被人们忽视。鹰嘴豆是世界上最古老的栽培豆类植物之一，人们在中东地区发现了其 7500 年前的历史遗迹。鹰嘴豆可以在煮熟后搭配凉拌沙拉食用，也可以磨成面粉炸鹰嘴豆丸子，或烤成面饼、炖菜，或制作成鹰嘴豆泥。

1 棵小花椰菜（1 千克），修剪好，切成小朵
220 克抱子甘蓝，修剪好，切片
2 汤匙特级初榨橄榄油
盐和现磨黑胡椒粉
400 克罐装鹰嘴豆，沥干，冲洗干净
1 茶匙烟熏辣椒粉
1 茶匙孜然粉
1 茶匙芫荽粉
12 片黑甘蓝叶（120 克），修剪好，撕碎
1 个新鲜的长红辣椒，去籽，切碎

中东芝麻酱调味汁

1 汤匙中东芝麻酱
1 汤匙石榴蜜（见提示）
1 小瓣蒜，捣碎
¼ 杯（60 毫升）水

提示

- 石榴蜜可以从中东食品店、大型超市、特色食品商店和一些熟食店买到。
- 这种沙拉最好趁热或在室温下享用。

1. 将烤箱预热至200摄氏度。
2. 把花椰菜和抱子甘蓝放在烤盘上，淋上一半的橄榄油，用盐和胡椒粉调味，均匀地裹上油。将鹰嘴豆放在另一个烤盘上，撒上辣椒粉、孜然粉和芫荽粉。用盐和胡椒粉调味，淋上剩余的油。
3. 将蔬菜和鹰嘴豆烤25分钟。在蔬菜中加入洋葱，再烤5分钟或直至蔬菜变软、鹰嘴豆变脆。
4. 制作中东芝麻酱调味汁。把食材放在一个小碗中混合均匀，用盐和胡椒粉调味。
5. 在蔬菜和鹰嘴豆上淋上酱料，撒上辣椒粉，端上桌享用。

摩洛哥孜然香草辣酱金枪鱼、鹰嘴豆和蚕豆沙拉

鱼素者 | 准备 + 烹饪时间：30 分钟 + 冷藏 | 2 人份

摩洛哥孜然香草辣酱（chcrmoula）是一种香料腌料，主要由大蒜、孜然、芫荽、油和盐制成。它通常被用作鱼肉或海鲜的佐料，你也可以按照菜谱制作两份，作为其他肉类和蔬菜的配料，为简单的菜肴增添清新的风味。如果摩洛哥孜然香草辣酱的食材搅拌得不够顺滑，可在混合物中加入 1 汤匙水。

300 克金枪鱼排（见提示）
1 杯（150 克）冷冻蚕豆
150 克豆角，修剪好，纵向切成两半
400 克罐装鹰嘴豆，沥干，冲洗干净
½ 杯（30 克）新鲜的扁叶欧芹叶
1 个中等大小的柠檬（140 克），切开（见提示）
1 汤匙柠檬汁
1 汤匙特级初榨橄榄油

摩洛哥孜然香草辣酱

½ 个小红洋葱（50 克），切碎
1 瓣大蒜，去皮
1 杯（16 克）新鲜的芫荽叶，切碎
1 杯（60 克）新鲜的扁叶欧芹叶，切碎
1 茶匙孜然粉
1 茶匙烟熏辣椒粉
1 汤匙特级初榨橄榄油
盐和现磨黑胡椒粉

提示

- 要购买生鱼片级别的金枪鱼或依照自己的喜好将金枪鱼换成三文鱼。
- 切柠檬时，用一把锋利的小刀先切掉柠檬的顶部和底部，然后按照水果的弧线切掉果皮和白色经络。手持柠檬，下面放一个碗。切掉两边的白膜，使果肉松散开。

1. 制作摩洛哥孜然香草辣酱。动手搅拌或将原料放入料理机中打碎，直至混合均匀，用盐和胡椒粉调味。留存¾的摩洛哥孜然香草辣酱备用。
2. 将金枪鱼和剩下的摩洛哥孜然香草辣酱放在一个浅盘子里，将金枪鱼均匀地裹上酱料，冷藏30分钟。
3. 同时，将蚕豆和绿豆放入一个大炖锅中煮2分钟或直至变软，用冷水冲洗，捞出沥水。将蚕豆挑出来，剥去蚕豆灰色的外皮。
4. 把金枪鱼放在预热过且涂有橄榄油的烤盘上，用中火煎烤，每面煎2分钟，或煎到外焦里嫩；用锡纸松散地盖住，放置5分钟。按照纹理将金枪鱼切成薄片。
5. 将蚕豆、青豆、鹰嘴豆、欧芹和柠檬放在一个中等大小的碗中，加入混合均匀的柠檬汁和橄榄油，在金枪鱼和沙拉上淋上留存的摩洛哥孜然香草辣酱即可享用。

旱稻沙拉配哈罗米奶酪

素食者 | 准备 + 烹饪时间：50 分钟 | 4 人份

哈罗米奶酪是一种来自塞浦路斯的半硬的、未成熟的卤化奶酪，通常由山羊奶和绵羊奶的混合物制成。哈罗米奶酪的高熔点特性使其可以在油炸或烤制时依然能够保持完好的形状。不要让烤熟的哈罗米奶酪变凉，因为它会变得难嚼，不像直接从烤架上拿下来时那样颜色金黄且软糯美味。

¼ 杯（60 毫升）红酒醋
1 汤匙第戎芥末
¼ 杯（60 毫升）特级初榨橄榄油
¼ 杯（90 克）蜂蜜
1 杯（200 克）旱稻（见提示）
500 克冷冻蚕豆
1 个小茴香球茎（130 克），修剪，切成薄片
100 克萝卜，切成薄片
¼ 杯（7 克）切成大块的新鲜莳萝（茴香）
250 克哈罗米奶酪，切成 1 厘米的薄片

1. 将红酒醋、芥末、2汤匙橄榄油和2汤匙蜂蜜放在一个有螺旋顶的罐子里，摇匀，用盐和胡椒粉调味。
2. 用一口大炖锅将水煮沸，放入旱稻，煮20分钟或煮至变软（见提示），用冷水冲洗，沥干。
3. 将蚕豆放入沸水中煮2分钟或煮至蚕豆变软，用冷水冲洗，沥干，剥去灰色外皮。
4. 把米饭放在一个大碗中，加入一半调味料，混合均匀。加入蚕豆、茴香、小萝卜和莳萝，轻轻搅拌，直至混合均匀。
5. 将剩余的油倒入一口大的不粘煎锅中，用中高火加热；将哈罗米奶酪两边各煎1分钟或直至表皮呈金黄色；淋上留存的蜂蜜。
6. 把旱稻沙拉放在一个大盘子里，在上面放上哈罗米奶酪和平底锅中剩余的汤汁，上桌前淋上剩余的酱料。

提示

- 旱稻混合物中含有等份的糙米、黑米和红米。
- 可依照自己的喜好用冷冻豌豆代替蚕豆。
- 可依照自己的喜好撒上莳萝（茴香）枝。

尼斯沙拉

鱼素者 | 准备 + 烹饪时间：45 分钟 | 4 人份

尼斯沙拉被称为“有史以来食材搭配得最好的沙拉之一”。它的名字来自其原产地——法国尼斯。尼斯沙拉经名厨推广，现在已遍布世界各地，就像所有的美味菜肴一样，而是否应该在这道菜中增添其他食材已然成为一个热议的话题。

600 克小土豆，切成两半
200 克四季豆，修剪好，切成两半
3 个鸡蛋
2×200 克厚切金枪鱼排（见提示）
1 汤匙特级初榨橄榄油
盐和现磨黑胡椒粉
½ 个小红洋葱（50 克），切成薄片
250 克樱桃番茄，切成两半
⅓ 杯（40 克）去核的小黑橄榄
⅓ 杯（55 克）刺山柑花蕾，冲洗（见提示）
¼ 杯（5 克）新鲜的小罗勒叶
2 汤匙切碎的新鲜扁叶欧芹叶

酱料

2 汤匙特级初榨橄榄油
2 汤匙白葡萄酒醋
2 茶匙柠檬汁

提示

- 可以依照个人喜好，用罐装金枪鱼代替新鲜的金枪鱼。
- 如果不喜欢刺山柑花蕾，可以不放。

1. 把土豆放在一个小平底锅里，倒入可没过土豆的凉水，将水煮沸。煮15分钟或煮到土豆变软，捞出沥水。
2. 同时，用煮、蒸或微波加热等方式，让四季豆变软，在冷水下冲洗，沥干。
3. 制作酱料。把原料放在一个有螺旋顶的小罐子里，摇匀，用盐和胡椒粉调味。
4. 把热土豆放在一个大碗中，加入⅓的酱料，轻轻搅拌，直至混合均匀。
5. 把鸡蛋放在一个小平底锅里，倒入可没过鸡蛋的冷水；煮沸。煮2分钟或直至微熟，在冷水下冲洗，沥干。待鸡蛋冷却至可用手处理时，剥去蛋壳，掰成两半。
6. 在金枪鱼上刷上橄榄油，用盐和胡椒粉调味。准备一口大号重型煎锅，用大火加热；将金枪鱼两面各煎1分钟，煎至五分熟或自己喜欢的熟度，切成薄片。
7. 把四季豆、洋葱、番茄、鸡蛋、橄榄、刺山柑花蕾、罗勒、欧芹和剩下的调味料放到碗中，轻轻搅拌，直至混合均匀。在顶部放上金枪鱼，端上桌享用。

烤章鱼

鱼素者 | 准备 + 烹饪时间：30 分钟 + 冷藏 | 4 人份

通常在购买之前，章鱼就已经是软的了。和鱿鱼一样，章鱼要么需要长时间的慢煮（体型较大时），要么需要高温快速烹饪（体型较小时）——否则章鱼的肉质就会变得坚韧、难嚼。烧烤时，在加入小章鱼之前，需要确保烤盘或烤架充分预热。

3 个中等大小的柠檬（420 克）
⅓ 杯（80 毫升）特级初榨橄榄油
½ 茶匙干牛至叶
2 瓣大蒜，捣碎
盐和现磨黑胡椒粉
1 千克小章鱼，清理干净（见提示）
4 个新鲜的长红辣椒
芝麻菜，备用
新鲜的扁叶欧芹叶，备用

1 将1个柠檬的果皮磨碎，挤出果汁。将果皮、果汁、橄榄油、牛至和大蒜放在一个有螺旋盖的罐子中，摇匀，用盐和胡椒粉调味。

2 把章鱼和一半的酱料放在一个大碗中，使章鱼均匀地裹上酱料。盖上盖子，冷藏30分钟。

3 将章鱼放在预热过的烤盘（平底锅或烤架）上，煎烤6分钟，煎到章鱼呈棕色且变软，用锡纸松散地盖住章鱼表面。

4 把剩下的柠檬切成两半，切面朝下，放在预热过的烤盘（平底锅或烤架）上，煎烤2分钟，烤到柠檬变成棕色，盛放到盘子里。将辣椒煎烤4分钟或烤到辣椒表皮变黑，切成厚片。

5 将章鱼和剩下的调味料、辣椒和芝麻菜混合均匀，搭配炭烤柠檬一起享用。

提示

- 可以让鱼贩帮忙清理章鱼。
- 烤盘至少预热 10 分钟，然后用大火快速烹饪。
- 如果家里有旱金莲叶，可以根据个人的喜好撒在沙拉上。

美味的蘸酱

无论是作为派对上的配餐，还是宴会上的开胃小吃，蘸酱都是不错的选择。蘸酱是一种在宾客聚会时可以共享的美食。这些地中海式蘸酱可与生蔬菜、皮塔面包搭配或作为主餐的佐料。

酸奶黄瓜酱

素食者 | 准备 + 烹饪时间：15 分钟 + 冷藏 | 制作 1¾ 杯

将一个细筛放在碗上，用勺子盛入 500 克希腊酸奶和 ½ 茶匙盐。盖上盖子，冷藏 2 小时或直至变稠，倒掉液体。同时，将一个中等大小的黄瓜磨碎，放入一个小碗中，再加入 ½ 茶匙盐，混合均匀，放置 20 分钟。挤出黄瓜中多余的液体，将酸奶、黄瓜、1 瓣压碎的大蒜和 2 汤匙切碎的新鲜薄荷叶混合均匀，用盐和胡椒粉调味。

黄油豆泥

素食者 | 准备 + 烹饪时间：10 分钟 | 制作 3 杯

将 2×400 克黄油豆沥干并冲洗干净。将豆子与 ½ 杯温水、¼ 杯中东芝麻酱、¼ 杯希腊酸奶、2 汤匙柠檬汁、2 个碎蒜瓣和 3 茶匙孜然粉放入料理机中搅拌或手动搅拌，直至其变得顺滑绵密，用盐和胡椒粉调味。撒上孜然粉即可食用。

希腊鱼子泥沙拉

鱼素者 | 准备 + 烹饪时间：25 分钟 + 冷藏 | 制作 1⅔ 杯

准备一个大土豆，切成大块，用煮、蒸或微波等方式处理均可，冷藏至冷却。将土豆放入一个小碗中，加入鱼子酱（咸鱼子）、½ 个磨碎的小白洋葱、¾ 杯特级初榨橄榄油、¼ 杯白葡萄酒醋和 1 汤匙柠檬汁，搅拌至顺滑绵密。用胡椒粉调味，再淋上多余的橄榄油。

甜菜根、哈罗米奶酪、鹰嘴豆和米饭沙拉

素食者 | 准备 + 烹饪时间：30 分钟 | 4 人份

在烹饪前，需将罐装鹰嘴豆中的液体沥干。可以将罐中的食材倒入过滤器，将液体排出。然后将过滤器放在冷水下，将鹰嘴豆冲洗干净。这种罐装鹰嘴豆中的液体叫作鹰嘴豆水，可以保留下来。鹰嘴豆水就像蛋白一样可以打发出直立的尖角，可用于制作纯素食主义者可食用的蛋白霜、奶油蛋白甜饼和奶油慕斯。

1 杯（200 克）糙米
⅓ 杯（80 毫升）特级初榨橄榄油
1 个小红洋葱（100 克），切成楔形
1 茶匙孜然粉
1 茶匙芫荽粉
400 克罐装鹰嘴豆，沥干，冲洗干净
500 克包装好的预煮甜菜根，分成 4 等份
100 克嫩菠菜叶
1 杯（50 克）新鲜的薄荷叶
½ 杯（50 克）核桃，烘烤，切碎
2 汤匙黑醋酱汁
盐和现磨黑胡椒粉
200 克哈罗米奶酪，切片（见提示）

1 准备一口大炖锅，倒入水，煮沸。放入糙米，煮25分钟或煮到糙米变软，捞出沥水。

2 同时，在一个大煎锅里倒入1汤匙橄榄油，用中火加热；加入洋葱，翻炒5分钟或炒到变软；加入孜然粉和芫荽粉，翻炒30秒或直至有香味飘出；加入鹰嘴豆和甜菜根，翻炒至热透。

3 把糙米、菠菜、薄荷和核桃放在一个大碗中搅拌，淋上1汤匙黑醋汁和2汤匙橄榄油。加入甜菜根和鹰嘴豆的混合物，轻轻搅拌，用盐和胡椒粉调味。

4 在一个大煎锅里倒入剩下的橄榄油，用大火加热；将哈罗米奶酪每面煎2分钟或直至表皮呈金黄色。

提示

你可以依照自己的喜好，用碎羊乳酪来代替哈罗米奶酪。

绿大麦沙拉

素食者 | 准备 + 烹饪时间：30 分钟 | 6 人份

我们可以购买还在豆荚里的应季新鲜蚕豆；在烹饪前，需剥开蚕豆外壳。用沸水将蚕豆焯熟，然后趁热将鲜绿色的豆子从坚韧的灰色外皮中取出。快速焯熟的方法有助于保持蚕豆和豌豆鲜亮的、洋溢着春天气息的颜色。

1 杯（200 克）珍珠大麦
3 杯（750 毫升）水
1 杯（120 克）冷冻豌豆
1 杯（150 克）冷冻蚕豆（见提示）
150 克青豆，修剪好，纵向切成两半
1 根中等大小的黄瓜（130 克），纵向切成两半
1 棵嫩叶生菜（180 克），修剪，撕开
2 根大葱（小葱），切成薄片
½ 杯（25 克）新鲜的薄荷叶
2 汤匙特级初榨橄榄油
1 汤匙柠檬汁
335 克橄榄油浸浓缩酸奶，排水沥干（见提示）
盐和现磨黑胡椒粉

1 准备一口中号平底锅，倒水，放入珍珠大麦，煮沸；调成小火，盖上盖子，煮35分钟或煮到珍珠大麦变软。沥干，在冷水中冲洗至冷却。

2 同时，准备一口大号平底锅，倒水，煮沸；将豌豆、蚕豆和豆角放入沸水中煮2分钟或煮到变软，用冷水冲洗，沥干。剥去蚕豆的灰色外皮。

3 将大麦和豌豆的混合物盛放到一个大碗中，加入黄瓜、生菜、葱和薄荷，淋上橄榄油和柠檬汁，轻轻搅拌，直至混合均匀。

4 在沙拉上放上浓缩酸奶，用盐和胡椒粉调味。

提示

- 如果有还在豆荚里的新鲜蚕豆，就用 500 克新鲜蚕豆代替 1 杯（150 克）去皮蚕豆。
- 可依照个人喜好，用羊乳酪代替浓缩酸奶。

地中海谷物沙拉配蜂蜜孜然浓缩酸奶

素食者 | 准备 + 烹饪时间：45 分钟 | 6 人份

全谷物，如本食谱中的糙米和藜麦，是蛋白质和纤维的重要植物来源。糙米和藜麦中富含多种维生素、矿物质和植物化学物质，对健康大有裨益。种子和坚果同样富含维生素、矿物质和 Omega-3 脂肪酸。

$\frac{3}{4}$ 杯（150 克）糙米
$\frac{1}{2}$ 杯（100 克）法式绿色兵豆，冲洗干净
$\frac{1}{2}$ 杯（100 克）红藜麦
1 杯（250 毫升）水
1 个小红洋葱（100 克），切碎
2 汤匙南瓜子，烘烤
2 汤匙葵花子，烘烤
2 汤匙松子，烘烤
2 汤匙刺山柑
$\frac{1}{2}$ 杯（80 克）醋栗
1 杯（60 克）新鲜的扁叶欧芹叶
1 杯（16 克）新鲜的芫荽
$\frac{1}{4}$ 杯（60 毫升）柠檬汁
$\frac{1}{3}$ 杯（80 毫升）特级初榨橄榄油
1 茶匙小茴香籽，烘烤
1 杯（280 克）浓缩酸奶
$1\frac{1}{2}$ 汤匙蜂蜜
$\frac{1}{2}$ 杯（40 克）扁桃仁片，烘烤

1. 将烤箱预热至180摄氏度。把种子、松子和扁桃仁片放在烤盘上，将孜然粒和扁桃仁片放在烘焙纸上，分开放置。烘烤8分钟，烤到4分钟时搅拌一下。
2. 同时，准备两口大号平底锅，倒水煮沸，分别放入大米和兵豆，煮25分钟或煮到食材变软，冲洗干净。
3. 将藜麦放入一个装有水的小炖锅中，煮沸。调成小火，盖上盖子，煮10分钟或直至藜麦变软，捞出沥水。
4. 将孜然粒和浓缩酸奶放入一个小碗中混合均匀，淋上蜂蜜。
5. 把米饭、兵豆和藜麦放入一个大碗中，加入洋葱、种子、松子、刺山柑、醋栗、欧芹、芫荽、柠檬汁和橄榄油，搅拌至混合均匀。
6. 将沙拉分放在6个盘子中，在上面淋上一勺浓缩酸奶，撒上扁桃仁。

辣南瓜和花椰菜配米饭和酸奶酱

素食者 | 准备 + 烹饪时间：45 分钟 | 4 人份

希腊酸奶是一种经过过滤去除乳清（奶酪制作过程中残留的液体）的酸奶，它比其他酸奶更酸，质地更绵密。希腊酸奶富含钙、优质脂肪和益生菌，对保障肠道健康至关重要。它会为你的饮食增添一抹亮眼的色彩。

750 克肯特南瓜，切成楔形（见提示）
750 克花椰菜，切成小朵
$2\frac{1}{2}$ 汤匙特级初榨橄榄油
2 茶匙芫荽粉
2 茶匙孜然粉
$\frac{1}{2}$ 茶匙肉桂粉
盐和现磨黑胡椒粉
$\frac{1}{2}$ 杯（100 克）糙米
8 杯（2 升）水
2 茶匙柠檬汁
1 汤匙南瓜子
1 茶匙磨碎的柠檬皮

酸奶酱

1 杯（280 克）希腊酸奶
2 汤匙切碎的新鲜芫荽
1 茶匙磨碎的柠檬皮
1 汤匙柠檬汁

提示

- 可依照自己的喜好，用更容易买到的白胡桃南瓜（冬南瓜）代替肯特南瓜。
- 如果你喜欢的话，可以在食用前撒上一些香草。

1. 将烤箱预热至200摄氏度。
2. 将南瓜、花椰菜、1汤匙橄榄油和香料放在一个大烤盘上，混合至蔬菜裹上酱料；将蔬菜均匀地平铺在烤盘上，用盐和胡椒粉调味，烤30分钟或烤到蔬菜变软。
3. 同时，把米饭和水放入一个中等大小的平底锅中，煮沸。煮25分钟或直至米饭变软，捞出沥水，盛放到一个碗中。加入剩下的橄榄油和柠檬汁，搅拌至混合均匀。
4. 制作酸奶酱。将原料放入一个中等大小的碗中混合均匀，用盐和胡椒粉调味。
5. 把米饭舀到一个大盘子里或分放在4个盘子里，在顶部均匀地放上烤好的蔬菜。撒上南瓜子和磨碎的柠檬皮，淋上剩余的酱料即可享用。

烤鱿鱼阿拉伯蔬菜沙拉

鱼素者 | 准备 + 烹饪时间：50 分钟 + 冷藏 | 4 人份

这道菜创造了一种将陈面包利用起来的全新方式。阿拉伯蔬菜沙拉让陈面包焕发了生机——煎炸的方式使其变得酥脆，搭配新鲜蔬菜使其口感更加丰富、口味更有层次。鱿鱼是地中海地区随处可见的一种美食。不论是烧烤、油炸或做馅，鱿鱼都能给西班牙菜和意大利菜，如海鲜饭、意大利调味饭、汤和意大利面增添更多的风味和色彩。

1½ 茶匙孜然粒
1 茶匙芫荽粉
2 瓣大蒜，捣碎
½ 茶匙干辣椒片
¼ 杯（60 毫升）特级初榨橄榄油
2 汤匙柠檬汁
6 只中等大小的鱿鱼（720 克），清洗干净（见提示）
3 个中等大小的番茄（450 克），切碎
1½ 茶匙海盐片
1 根中等大小的黄瓜（130 克），纵向切成两半，去籽，切成薄片
1 杯（50 克）新鲜的薄荷叶
1 杯（60 克）新鲜的扁叶欧芹叶
2 块小的全麦口袋皮塔饼（160 克），分成两半（见提示）

提示

- 可以用干净的乌贼头来代替鱿鱼头。
- 如果觉得切分皮塔饼有难度，可以将皮塔饼用微波炉高火（100% 额定输出功率）加热 10 秒。微波炉所产生的蒸汽通常会使面包变得更加松软。

1 准备一口小煎锅，用中火加热。放入茴香籽和芫荽，翻炒2分钟或直至烤出香味。盛放到一个中等大小的碗中，加入大蒜、辣椒、橄榄油和柠檬汁，搅拌至混合均匀。在一个小碗中留存2汤匙混合香料。

2 用一把锋利的刀，把鱿鱼头纵向切成两半，在鱿鱼的内表面用十字刀法划出间隔1厘米的花纹，再切成4厘米宽的长条。将鱿鱼头和鱿鱼须放入装有香料混合物的碗中，搅拌至鱿鱼裹上香料，将鱿鱼冷藏2小时。

3 同时，把番茄和盐放入滤锅中混合均匀，将滤锅放在水槽上静置10分钟沥干。把番茄、黄瓜、薄荷、欧芹放入一个中等大小的碗中，搅拌至混合均匀。

4 在预热过且涂有橄榄油的烤盘（平底锅或烧烤架）上放上皮塔饼和鱿鱼头，烤至皮塔饼熟透且鱿鱼刚刚熟。

5 把皮塔饼分成容易入口的小块。将预留的香料混合物和一半的皮塔饼添加到番茄混合物中，搅拌至混合均匀。将鱿鱼搭配沙拉和留存的皮塔饼一起享用。

鸡肉、干小麦和石榴沙拉

准备 + 烹饪时间：45 分钟 + 冷藏和静置 | 6 人份

自古时起，石榴就在地中海地区生长；石榴有着明艳的红色外皮，果实多籽，这些特点使其在该地区的艺术、诗歌、神话以及烹饪中都占据着重要地位。

¼ 杯（60 毫升）特级初榨橄榄油
¼ 杯（60 毫升）石榴糖浆（见提示）
1 汤匙孜然粉
2 瓣大蒜，捣碎
1 千克鸡胸肉片
1½ 杯（375 毫升）鸡汤
1½ 杯（240 克）优质干小麦（碾碎的干小麦）
1 个小花椰菜（1 千克）
盐和现磨黑胡椒粉
1 个大石榴（430 克），去籽
1 个中等大小的红洋葱（170 克），对半切开，切成薄片
1 杯（60 克）新鲜的扁叶欧芹叶
1 杯（110 克）切碎的核桃，烘烤
150 克希腊羊乳酪，切碎

石榴酱

¼ 杯（60 毫升）特级初榨橄榄油
¼ 杯（60 毫升）柠檬汁
3 茶匙蜂蜜
3 茶匙石榴糖浆

提示

石榴糖浆在熟食店、中东食品店、特色食品店和大多数大型超市均有售。

1 将一半的橄榄油、糖浆、孜然和大蒜放在一个大碗中混合均匀；加入鸡肉，翻拌至鸡肉裹满酱汁，盖上盖子，冷藏3小时或过夜。

2 将高汤倒入一个中号的平底锅中煮沸。熄火，加入干小麦，静置5分钟。

3 同时，预热烤架。修剪花椰菜，切成1.5厘米的小朵，放在烤盘上，淋上剩下的橄榄油，用盐和胡椒粉调味。将花椰菜烤8分钟，烤到4分钟时翻转，或者烤至变软。

4 制作石榴酱。将原料放入一个有螺旋顶的罐子里，摇匀，用盐和胡椒粉调味。

5 沥干鸡肉，丢掉腌料。将鸡肉放在预热过的烤盘（平底锅或烤架）上，煎烤4分钟或烤到熟透。盖上锡纸，静置10分钟，切厚片。

6 把干小麦舀到浅盘或碗里，上面放上鸡肉、花椰菜和剩下的配料，淋上酱汁。

甜点

用地中海的甜蜜风味为你的晚餐画上完美的句号吧！
无花果、蜂蜜、烩水果、蛋糕和果仁蜜饼，
这些都是令人垂涎的甜点系列中的
重要角色。

调味蒸粗麦粉配百香果酸奶

准备 + 烹饪时间：25 分钟 | 4 人份

粗麦粉由压碎的硬粒小麦粗面粉团成的粉蒸球制成，具有与意大利面相似的营养价值（尽管意大利面更细腻）。粗麦粉发源于北非，在 17 世纪被传到地中海，现在已在该地区广泛流传开来。粗麦粉在法国非常受人欢迎，在西班牙、葡萄牙、意大利和希腊也很常见。

1 杯（200 克）全麦蒸粗麦粉
2 茶匙特级初榨橄榄油
1 茶匙混合香料
¼ 茶匙多香果粉
¼ 杯（90 克）蜂蜜
1 杯（250 毫升）沸水
½ 杯（50 克）核桃，烘烤
¾ 杯（200 克）希腊酸奶
2 汤匙新鲜的百香果果肉
2 个中等大小的橙子（480 克）
⅓ 杯（50 克）蓝莓
2 汤匙新鲜的薄荷叶

1 将蒸粗麦粉、橄榄油、混合香料、多香果粉、一撮盐和所有蜂蜜放入一个中等大小的碗中，再加入沸水，混合均匀。盖上盖子，静置5分钟或直至所有的液体都被吸收，用叉子搅散，拌入核桃。

2 同时，将酸奶和百香果放入一个小碗中混合均匀。

3 准备一个橙子，将橙皮磨碎，需要1茶匙的量。将橙子去皮，然后切成薄片。在调味蒸粗麦粉上撒上橙子片、薄荷和橙皮，淋上百香果酸奶享用。

提示

可依照个人喜好，将蓝莓换成草莓或覆盆子，或者用这三种莓果的混合物。

蜂蜜和樱桃大麦布丁

准备 + 烹饪时间：50 分钟 | 2 人份

作为历史上最早种植的谷物之一，大麦是一种营养丰富的全谷物，有浓郁的坚果味，富含纤维。在这个食谱中，我们用大麦来做甜布丁，也可用它来做蔬菜汤，或用它代替美味的冬季炖菜中的红肉。羊奶酸奶在健康食品专门店和一些超市均有售。

½ 杯（100 克）珍珠大麦（见提示）
1½ 杯（375 毫升）水
1 杯（280 克）羊奶酸奶
½ 茶匙肉桂粉
1½ 杯（185 克）冷冻去核樱桃，切片（见提示）
30 克新鲜的蜂巢，切片
2 汤匙切碎的天然扁桃仁
肉桂粉，留存适量备用

1 将珍珠大麦和水放入一个小平底锅中，煮沸。调成小火，盖上盖子，煮35分钟或煮到珍珠大麦变软，在冷水下冲洗至冷却，沥干。

2 将珍珠大麦、酸奶、肉桂和⅔杯樱桃放入一个中等大小的碗中解冻，再分放到两个碗中，加上剩余的樱桃、蜂巢和扁桃仁，撒上备用的肉桂粉。

提示

- 可以用煮熟的藜麦代替珍珠大麦。
- 可以用冷冻覆盆子代替樱桃。
- 如果适逢当季，可使用去核的新鲜樱桃。

甜无花果意大利烤面包片

准备 + 烹饪时间：10 分钟 | 4 人份

无花果是最负盛名的地中海水果之一，在该地区的艺术和神话中扮演着重要角色。事实上，无花果是最早被当作食物来种植的水果，且在古希腊和古罗马广受欢迎。建议用当地的蜂蜜来制作这道菜，而不是用高度精制的商业化生产的蜂蜜。

6 个中等大小的无花果（360 克），切成两半
⅓ 杯（115 克）蜂蜜
2 汤匙冷水
⅔ 杯（190 克）希腊酸奶
⅓ 杯（85 克）马斯卡彭奶酪
1 汤匙糖霜
4 片烤过的酸面包厚片（280 克）
2 汤匙切碎的核桃（见提示）

1. 准备一口大号不粘煎锅，用中高火加热。在无花果的切面上淋上蜂蜜，将无花果切面朝下放在煎锅上，煎2分钟或直至上色并热透。在锅中加水，将锅从灶上移开。
2. 同时，将酸奶、马斯卡彭奶酪和过筛后的糖霜放入一个小碗中混合均匀。
3. 在烤面包片上均匀地撒上马斯卡彭奶酪混合物、无花果和核桃，淋上烹饪汁即可享用。

提示

可依照自己的喜好，用切碎的开心果或扁桃仁片代替核桃。

全橙麦糁蛋糕配迷迭香糖浆

准备 + 烹饪时间：2 小时 40 分钟 + 静置 | 12 人份

麦糁是一种由硬粒小麦最硬的部分（胚乳）磨成的粗面粉，通常用于制作意大利团子、意大利面和蒸粗麦粉。虽然麦糁不是无谷蛋白的，但它的钾含量很高，消化速度比白面粉慢，而且富含纤维。在这里，麦糁赋予了蛋糕一种浓郁的坚果味。气味芳香的糖浆，使蛋糕的口感格外湿润。

2 个大橙子（600 克）

1 茶匙烘焙面粉

6 个鸡蛋

1 杯（220 克）精白砂糖

1 杯（150 克）优质麦糁

1¼ 杯（150 克）扁桃仁粉（杏仁粉）

1½ 茶匙切碎的新鲜迷迭香

迷迭香糖浆

2 个大橙子（600 克）

½ 杯（110 克）细白砂糖

½ 杯（125 毫升）水

1½ 汤匙柠檬汁

2 汤匙橙味利口酒

3 枝新鲜的迷迭香

提示

如果你没有削橙皮的专门用具，只要用削皮器把橙子外皮削成宽条，然后再切成细条即可。

1 将未去皮的橙子放入一个中等大小的平底锅中，注入可没过橙子的冷水，煮沸。盖上盖子，煮1小时或直至橙子变软，捞出沥水，冷却。

2 将烤箱预热至180摄氏度。准备一个直径为22厘米的圆形蛋糕盘，涂上油，在底部和侧面铺上烘焙纸。

3 修剪并丢掉橘子的末端，将橙子切成两半，丢掉种子。将橙子连皮一起放到料理机中，加入泡打粉一起打碎，直至混合物变成泥状，盛放到一个大碗中。

4 打发鸡蛋和糖，持续搅拌5分钟或直至混合物变稠且呈奶油状。将鸡蛋混合物翻拌到橙子混合物中，加入麦糁、扁桃仁粉和迷迭香。把混合物摊入铺有烘焙纸的烤盘里。

5 将蛋糕烤1小时，可用一根烧烤签检验——插入再拿出时，烧烤签是干净的即可；烘焙过程中，用锡纸盖住，以防蛋糕变焦。将蛋糕放在烤盘中冷却45分钟，然后倒放到蛋糕盘上。

6 制作迷迭香糖浆。用削橙皮器将橙皮削成细长条，用蔬菜削皮器从剩下的橙子上削出一长串连续的果皮。将糖、水和柠檬汁放入一个小平底锅中，用小火加热；搅拌，不要煮沸，直至糖溶解。放入果皮条，煮沸；继续煮5分钟或直至糖浆变稠。从灶上移开，加入利口酒、迷迭香和细条状橙皮继续搅拌。

7 用勺子把热糖浆浇在温热的蛋糕上，趁热或在室温下食用。

开心果、核桃和巧克力果仁蜜饼

准备 + 烹饪时间：1 小时 10 分钟 + 静置 | 数量：36 份

果仁蜜饼可能是所有希腊甜糕点中辨识度最高的一种，它的起源可以追溯到奥斯曼帝国时期。这是一种口感丰富而黏稠的甜点，由一层层的酥皮包裹切碎的坚果与糖浆或蜂蜜制成的馅料制成。我们在这一版本的果仁蜜饼中加入了黑巧克力，从而使这道甜点的风味更上一层楼。

12 张酥皮
120 克无盐黄油，融化
2 汤匙切碎的开心果

开心果和核桃馅

1½ 杯（210 克）开心果
2 杯（200 克）核桃
200 克黑（低甜度）巧克力，切碎
⅓ 杯（75 克）精白砂塘
2 茶匙肉桂粉
1½ 汤匙磨碎的橙皮

蜂蜜糖浆

1 个中等大小的橙子（240 克）
1½ 杯（330 克）精白砂糖
1½ 杯（375 毫升）水
½ 杯（175 克）蜂蜜
⅓ 杯（80 毫升）橙汁

提示

可依照个人喜好搭配希腊酸奶，再撒上磨碎的或切成薄片的橙皮享用。

1 将烤箱预热至190摄氏度。在22厘米×40厘米×2.5厘米的烤盘上涂油，铺上烘焙纸。

2 制作开心果和核桃馅。把开心果和核桃铺在烤盘上，在180摄氏度的烤箱中烤5分钟，或者直至坚果变成金黄色（在烤制过程中搅拌一次，保证受热均匀），冷却。将坚果和剩余的食材放入料理机中打碎。

3 叠放3层酥皮，每个层都涂上一点黄油。用烘焙纸盖住剩余的酥皮，上面盖上干净、潮湿的茶巾，以防风干。将¼的馅料铺在酥皮上，在两边留3厘米的边缘。从一个长边开始，把酥皮卷成一个长卷。将长卷放在烤盘上，刷上黄油。重复以上步骤，处理剩下的油酥皮、黄油和馅料。

4 将果仁蜜饼烤20分钟或直至表皮呈金黄色。

5 制作蜂蜜糖浆。用削橙皮器将橙子的果皮削成细长条。将果皮、糖、水和蜂蜜放入一口小炖锅中，用中火加热，让水不至沸腾，直至糖溶解。调成小火，煮10分钟或直至微微变稠，倒入橙汁中搅拌。

6 将果仁蜜饼放在托盘上静置5分钟，待其稍微冷却。用一把锋利的小刀，沿对角线在长卷上划出9个2厘米宽的小块。将热糖浆倒在果仁蜜饼上，静置3小时或直至糖浆被吸收，在上面撒上切碎的开心果即可享用。

覆盆子里科塔干酪蛋糕

准备 + 烹饪时间：1 小时 30 分钟 + 冷藏和冷却 | 8 人份

这款芝士蛋糕中含有里科塔干酪，这使得它的馅料比传统的奶油芝士甜点更清甜。意式扁桃仁饼干是一种用扁桃仁制成的意大利饼干，它的配方据说是一个家族代代相传的秘密。

200 克意式扁桃仁饼干
2 汤匙精白砂糖
75 克无盐黄油，融化
125 克覆盆子（见提示）
2 汤匙糖霜
2 汤匙水
125 克覆盆子，留存适量备用
2 茶匙糖霜，留存适量备用

覆盆子里科塔干酪馅料

500 克奶油奶酪
300 克里科塔干酪
1 杯（220 克）精白砂糖
⅓ 杯（80 毫升）牛奶
3 个鸡蛋
125 克覆盆子

提示

- 可依照个人喜好，用解冻的冷冻覆盆子来制作覆盆子酱。
- 根据脱底烤盘的设计，先将烤盘底部倒置，保证底部是水平的，这样就能轻松地取出芝士蛋糕。

1 在20厘米的脱底烤盘上涂油，在底部和侧面铺上烘焙纸。

2 将饼干和精白砂糖放入料理机中绞至凝块状。在机器运转过程中，逐渐加入黄油，直至充分混合。用勺子背将饼干混合物按压在铺有烘焙纸的平底锅底部。将平底锅放在一个烤盘上，冷藏30分钟。

3 将烤箱预热至150摄氏度。

4 制作覆盆子里科塔干酪馅料。将奶酪、糖和牛奶放入料理机中，搅拌至顺滑绵密。加入鸡蛋，搅拌至混合均匀。将混合物盛放到一个大碗中，加入覆盆子，将馅料倒入铺有烘焙纸的平底锅中。

5 将芝士蛋糕烤50分钟，或者直至蛋糕边缘熟透而中间微微摇晃。关掉烤箱，将芝士蛋糕放在烤箱中冷却1小时，门半开着（冷却后，芝士蛋糕的顶部可能会轻微开裂），冷藏4小时或过夜，直至其凝固。

6 将覆盆子、糖霜和水放入料理机中打成泥状，将混合物用筛子筛入一个小碗中。将果泥涂抹在芝士蛋糕上，上面放上备用的覆盆子，再撒上备用的糖霜，搭配剩余的果泥一起享用。

烩水果

无论是与酸奶还是牛奶什锦早餐搭配，烩水果都是不错的选择。你也可以把烩水果加入粥中，让你的早餐更有活力。加上烤面包或烘烤制品，或者搭配冰激凌和华夫饼，你就可以将它变成一道甜点。

梨、小豆蔻和姜

纯素者 | 准备 + 烹饪时间：45 分钟 | 4 人份

将 4 个（1 千克）有核的、切成厚片的贵妃梨放入一口中等大小的平底锅中，加入 1 杯（250 毫升）水、2 茶匙生姜粉、6 个碎豆蔻荚、1 根肉桂棒和 1 汤匙柠檬汁，煮沸。调成小火，半盖上盖子，炖煮 25 分钟，不时搅拌，直至液体稍微减少且梨变软。冷食和热食均可。

香草烤油桃和桃子

纯素者 | 准备 + 烹饪时间：35 分钟 | 4 人份

将烤箱预热至 220 摄氏度，在一个中等大小的盘子中涂上油。将 3 个中等大小（510 克）的黄色油桃和 3 个中等大小（450 克）的黄桃切成两半，放入盘子中。纵向切开一个香草豆荚，用刀尖把豆子刮下来。加入香草豆荚和豆子、2 汤匙纯枫糖浆、2 厘米 ×4 厘米的柠檬皮、1 汤匙柠檬汁和少许海盐片，翻转水果裹上料汁。将水果切面朝上，均匀地铺在烤盘上，烤 20 分钟，直到果实变软但仍未变形。冷食和热食均可。

苹果、大黄和枸杞

纯素者 | 准备 + 烹饪时间：25 分钟 | 4 人份

将 ½ 杯新鲜橙汁和 2 汤匙大米麦芽糖浆放入一个中等大小的平底锅中，用小火加热；在煮的过程中不时搅拌，直至糖浆融化。加入 2 个（400 克）切成块状的苹果、1 条 4 厘米宽的橙皮以及从半颗香草豆和豆荚中刮下来的豆子，盖上锅盖，煮 5 分钟。加入 1 束（500 克）修剪过的大黄碎块和 2 汤匙枸杞，盖上盖子，慢炖 10 分钟，炖到水果变软但仍未变形。热食和冷食均可。

李子、覆盆子和迷迭香

纯素者 | 准备 + 烹饪时间：25 分钟 | 4 人份

将 5 个红李子切成两半，去核，每半切成 3 份。把李子放在一个大平底锅里，再加入 ¼ 杯（60 毫升）水、1 汤匙柠檬汁、1 根肉桂棒和 2 小枝新鲜的迷迭香，煮沸。调成小火，盖上锅盖，慢炖 5 分钟。打开盖子，再炖 5 分钟，直至李子刚刚变软。加入 ½ 杯覆盆子（65 克）和 2 茶匙罗布（僧侣水果甜味剂），直至罗布溶解。将平底锅从灶上移开。

融合草莓酸奶蛋糕

准备＋烹饪时间：1 小时 15 分钟＋冷却 | 8 人份

地中海甜点有时以过分挑剔著称（尽管通常只是简单地以新鲜水果、一些重口味的奶酪和午夜烈酒来结束一餐）。而制作这个湿润、坚果风味的蛋糕只需要一个碗，所以没有理由不为这样一个新鲜出炉的甜品而放纵一下。

2½ 杯（375 克）自发酵面粉
250 克草莓，切碎
1 杯（220 克）金色精白砂糖
1 茶匙香草豆酱
2 个鸡蛋，轻度打发
1 杯（280 克）希腊酸奶
125 克无盐黄油，融化
½ 杯（40 克）扁桃仁片
糖霜，备用
一杯（280 克）希腊酸奶，备用

糖渍草莓

250 克草莓，切片
1 汤匙柠檬汁
1 汤匙金色糖霜

1 将烤箱预热至180摄氏度。在一个22厘米的脱底烤盘上涂油，在底部和侧面铺上烘焙纸。

2 将面粉筛入一个大碗中，放入草莓、糖、香草酱、鸡蛋、酸奶和黄油，直至混合均匀。将混合物舀入锅中，使表面顺滑平整，撒上扁桃仁。

3 将蛋糕烤50分钟，或者插入烧烤签，取出时是干净的即可；如果扁桃仁变成棕色，在烤到一半时用锡纸盖住。把蛋糕留在烤盘里静置10分钟，脱模，把蛋糕转移到铁丝架上冷却。

4 制作糖渍草莓。将材料放在一个小碗中混合均匀，静置20分钟。

5 在蛋糕上摆放糖渍草莓，再撒上糖霜，搭配额外的酸奶一起享用。

提示

蛋糕和糖渍草莓最好在食用当天制作。

蜂蜜和香草奶油冻酥皮脆

准备 + 烹饪时间：40 分钟 + 冷藏和冷却 | 4 人份

“酥皮”（filo）一词来自希腊语，意为“叶子”，指其薄薄的、纸状的质地。酥皮兼具咸和甜双重口味，主要用于制作糕点。叠加多层酥皮，再刷上橄榄油或黄油，烘烤后口感酥脆，令人欲罢不能。这里的酥皮为菜肴增加了酥脆的口感，与丝滑的蜂蜜奶油冻形成鲜明的对比。

¼ 杯（90 克）蜂蜜
2 杯（500 毫升）牛奶
1 颗香草豆，纵向切开
2 汤匙芥末粉
1 汤匙红糖
1 张酥皮
橄榄油烹饪喷雾
2 汤匙切碎的无盐开心果
1 汤匙加热过的蜂蜜，备用
4 个中等大小的新鲜无花果（240 克），分成 4 等份（见提示）

1 将蜂蜜、牛奶和香草豆放入一个中等大小的平底锅里，用中火加热，再用小火慢炖。

2 将蛋奶酱粉和糖放到一个隔热碗中，搅拌至混合均匀。将热牛奶混合物慢慢拌入蛋奶混合物中，再放回平底锅中。煮沸，持续搅拌，直至混合物沸腾且变得黏稠，扔掉香草豆。

3 将混合物倒入4个容量为1杯（250毫升）的盘子中，冷藏2小时或直至冷却变硬。

4 同时，将烤箱预热至180摄氏度，在烤盘上铺上烘焙纸。

5 在台面上放一张酥皮，喷油。在酥皮上撒上2/3的开心果。把酥皮交叉对折，刷上备用的蜂蜜，撒上剩余的开心果，烤8分钟或直至金黄酥脆，冷却，撕成碎片。

6 撒上无花果和酥皮脆片，还可依照自己的喜好淋上一些蜂蜜。

提示

可依照个人喜好，将无花果换成成熟的草莓、覆盆子或心仪的核果。

黑巧克力和里科塔干酪慕斯

准备 + 烹饪时间：20 分钟 + 冷却 | 6 人份

关于巧克力，有一条毋庸置疑的规律：可可的比例越高，对你的健康就越有好处。优质黑巧克力富含纤维和铁，是抗氧化剂的重要来源。虽然你不应该一次吃大量的巧克力，因为巧克力中含有高糖和高热量，但在你的饮食中加一点黑巧克力依然是不错的选择。

¼ 杯（90 克）蜂蜜
1 汤匙荷兰加工可可
2 汤匙水
½ 茶匙香草精
200 克黑巧克力（70% 可可），切碎
8 颗新鲜的枣（160 克），去核
½ 杯（125 毫升）牛奶
2 杯（480 克）软里科塔干酪
2 汤匙石榴籽（见提示）
2 汤匙切碎的开心果

1 将蜂蜜、可可、水和香草精放入一口小炖锅中，用中火加热，煮沸，冷却。

2 把巧克力放入一个小的耐热碗中，将碗放在一口用小火烧水的小平底锅上方（不要让水碰到碗的底部），搅拌至融化且顺滑。

3 将枣和牛奶放入料理机中绞碎；加入里科塔干酪，继续搅拌，直至顺滑；加入融化的巧克力，搅拌至混合均匀。

4 用勺子将慕斯分成6杯（180毫升）。用勺子将可可糖浆浇到慕斯上，再加上石榴籽和开心果。

提示

有时可在超市的冷藏区或比较高档的蔬菜水果店里找到新鲜的石榴籽。如果买不到石榴籽，可根据第 131 页的方法获取石榴籽或在每份甜点上放上新鲜的樱桃。

烤无花果和酸奶冰激凌

准备 + 烹饪时间：45 分钟 + 冷却和冷冻 | 8 人份

这一版本的酸奶冰激凌更像是冷冻酸奶，所以比传统冰激凌奶油口味淡，脂肪含量也比奶油低，这使它成为一个更加健康的选择。希腊酸奶富含益生菌，其中的活菌和酵母对你的健康，特别是你的消化系统大有益处。在酸奶中发现的益生菌被称为乳酸菌，有助于分解乳糖。

6 个成熟的大无花果（480 克），撕成两半

¾ 杯（165 克）红糖

2 茶匙磨碎的橙皮

⅓ 杯（80 毫升）鲜榨橙汁

3 杯（840 克）希腊酸奶

⅔ 杯（160 克）鲜奶油

⅓ 杯（115 克）蜂蜜，留存适量备用

6 个成熟的无花果（240 克），备用，切成两半

1 将烤箱预热至220摄氏度，在烤盘上铺上烘焙纸。

2 将无花果、糖、橙皮和橙汁放在托盘上，搅拌至充分混合。将无花果切面朝上，平铺在铺有烘焙纸的烤盘上，烤15分钟或直至变软冒泡，冷却10分钟。

3 在容量为2升（8杯）的面包盘上涂油，在底部和侧面铺上烘焙纸，将烘焙纸四周向边缘外延伸5厘米。

4 将酸奶、奶油蛋糕和蜂蜜放入一个大碗中充分混合，轻轻地加入焦糖无花果和无花果烤出来的汁液。将混合物舀入铺有烘焙纸的平底锅里，冷冻4小时或直至部分冷冻。

5 从冰箱中取出混合物，切碎，放入一个大的食物料理碗中，将冰壳打碎，再放回平底锅中，冷冻4小时或直至凝固。

6 在冰激凌上加上备用的无花果，淋上蜂蜜。

提示

- 将冰激凌在室温下放置 10 分钟，待其稍微融化后再享用。
- 如果家里有冰激凌机，可根据制造商提供的说明书搅拌混合物。
- 剩下的冰激凌可冷冻 1 个月。

柑橘酸奶杯

准备 + 烹饪时间：45 分钟 | 4 人份

在黑暗、寒冷的冬季，汁水丰富的成熟柑橘会为你的生活增味调色。众所周知，柑橘是维生素 C 的极佳来源，在寒冷的流感季节，维生素 C 可以增强你的免疫力。同时，柑橘类水果对你的健康还有其他好处，与富含抗氧化剂、有助于降低胆固醇的红葡萄柚有异曲同工之效。

1 个香草豆
⅓ 杯（75 克）精白砂糖
½ 杯（125 毫升）水
6 条橙皮（见提示）
1 汤匙橙汁
2 个中等大小的橘子（200 克），去皮，水平切片
1 个中等大小的红宝石葡萄柚（350 克），去皮，分段
3 杯（840 克）希腊酸奶
新鲜的小薄荷叶，备用

1 将香草豆纵向分成两半，将豆子刮入一口小炖锅中。将香草豆荚、糖、水、橙皮放入平底锅中，煮沸。调成小火，煮6分钟或直至糖浆稍微变稠，冷却。丢掉香草豆，拌入橙汁。

2 将柑橘、葡萄柚片和糖浆放入一个中等大小的碗中充分混合。

3 将酸奶舀入4个容量为1¼杯（310毫升）的玻璃器皿中，在上面加入柑橘类混合物和薄荷。

提示

- 用果蔬去皮器可削出橙皮宽条，去掉果皮上的一些白色经络，以免太苦。
- 糖浆可以提前 4 小时制作，然后与柑橘混合均匀；冷藏至需要时再取出。

蜂蜜烤桃子和葡萄配甜里科塔干酪

准备 + 烹饪时间：40 分钟 | 4 人份

没有比烘焙水果更简单的甜点了，烘焙后的水果颜色更加鲜亮，口味更加香甜，是一道温暖且营养丰富的美食。这一版本中将其搭配甜里科塔干酪享用。你也可以搭配冰激凌、奶油或丝滑绵密的希腊酸奶，或者加上水果和糖浆，使一个普通蛋糕摇身变成精致甜品。

4 个大桃子（880 克），去核，分成 4 等份（见提示）
400 克红葡萄，切成两半，去籽
1 汤匙蜂蜜
4 枝新鲜的百里香，留存适量备用
1½ 杯（360 克）硬里科塔干酪
2 汤匙精制白砂糖
½ 汤匙磨碎的橙皮，留存适量备用

1. 将烤箱预热至200摄氏度，在烤盘上铺上烘焙纸。
2. 把桃子和葡萄放在托盘上，淋上蜂蜜，在上面撒上百里香，烤25分钟或直至其变软且呈糖浆状。
3. 同时，将里科塔干酪、糖和橙皮绞至顺滑。
4. 将烤好的水果和任何一种烹饪用果汁搭配里科塔干酪混合物，再加上备用的橙皮和新鲜的百里香一起享用。

提示

- 可依照自己的喜好，用李子代替桃子。
- 这道菜可被当作早午餐或甜点，还十分适合外带，是绝佳的野餐伴侣。里科塔干酪和水果分开包装；使里科塔干酪一直处于冷藏状态。

烤里科塔干酪布丁配橙味糖浆和樱桃

准备 + 烹饪时间：1 小时 + 冷却和冷藏 | 4 人份

人类从古代就开始采集蜂蜜，在没有糖的年代，地中海地区的人们就将蜂蜜用作许多甜点的甜味剂。关于采蜜的最早记录出现在西班牙巴伦西亚的一幅有着 8000 年历史的洞穴壁画中，画中的两个人物用梯子从高高的蜂巢中采集蜂蜜。

900 克新鲜的里科塔干酪
4 个鸡蛋
½ 杯（175 克）蜂蜜
¾ 茶匙肉桂粉
2 茶匙磨碎的橙皮
100 克新鲜的樱桃，去籽
2 汤匙切碎的开心果，备用

橙皮糖浆

1 个大橙子（300 克）
½ 杯（175 克）蜂蜜
100 毫升水
1 根肉桂棒
½ 茶匙新鲜的百里香叶

1. 将烤箱预热至180摄氏度，将一个容量为4杯（1升）的盘子涂油。
2. 将里科塔干酪、鸡蛋、蜂蜜、肉桂和橙皮放入料理机中搅拌至顺滑绵密，将混合物均匀地倒入盘子中。
3. 将布丁烤30分钟，直至中心刚刚凝固，达到可以用手触摸的程度。冷却至室温，再冷藏1小时或直至变凉。
4. 制作橙皮糖浆。把橙子的果皮磨碎，用挤压的方式榨汁，需要¼杯（60毫升）橙汁。将果皮、果汁和剩余的食材放入一口小炖锅中，煮沸。调成小火，再煮10分钟或煮至变成糖浆状，冷藏1小时或直至变凉。
5. 在布丁上面撒上樱桃和开心果，淋上橙皮糖浆享用。

换算表

关于澳大利亚计量方式的说明

- 1 个澳大利亚公制量杯的容积约为 250 毫升。
- 1 个澳大利亚公制汤匙的容积为 20 毫升。
- 1 个澳大利亚公制茶匙的容积为 5 毫升。
- 不同国家间量杯容积的差异在 2 ~ 3 茶匙的范围内，不会影响烹饪结果。
- 北美、新西兰和英国使用容积为 15 毫升的汤匙。

本书中采用的计量算法

- 用杯子或勺子测量时，物料面和读数视线应是水平的。
- 测量干性配料最准确的方法是称量。
- 在量取液体时，应使用带有公制刻度标记的透明玻璃罐或塑料罐。
- 本书中使用的鸡蛋是平均重量为 60 克的大鸡蛋。

固体计量单位

公制	英制
15 克	½ 盎司
30 克	1 盎司
60 克	2 盎司
90 克	3 盎司
125 克	4 盎司（¼ 磅）
155 克	5 盎司
185 克	6 盎司
220 克	7 盎司
250 克	8 盎司（½ 磅）
280 克	9 盎司
315 克	10 盎司
345 克	11 盎司
375 克	12 盎司（¾ 磅）
410 克	13 盎司
440 克	14 盎司
470 克	15 盎司
500 克	16 盎司（1 磅）
750 克	24 盎司（1½ 磅）
1 千克	32 盎司（2 磅）

液体计量单位

公制	英制
30 毫升	1 液量畚司
60 毫升	2 液量盎司
100 毫升	3 液量盎司
125 毫升	4 液量盎司
150 毫升	5 液量盎司
190 毫升	6 液量盎司
250 毫升	8 液量盎司
300 毫升	10 液量盎司
500 毫升	16 液量盎司
600 毫升	20 液量盎司
1000毫升（1升）	1¾ 品脱

长度计量单位

公制	英制
3 毫米	⅛ 英寸
6 毫米	¼ 英寸
1 厘米	½ 英寸
2 厘米	¾ 英寸
2.5 厘米	1 英寸
5 厘米	2 英寸
6 厘米	2½ 英寸
8 厘米	3 英寸
10 厘米	4 英寸
13 厘米	5 英寸
15 厘米	6 英寸
18 厘米	7 英寸
20 厘米	8 英寸
22 厘米	9 英寸
25 厘米	10 英寸
28 厘米	11 英寸
30 厘米	12英寸（1英尺）

烤箱温度

这本书中的烤箱温度是参照传统烤箱的；如果你使用的是一个风扇式烤箱，需要把温度降低 10 ~ 20 摄氏度（华氏度）。

档　位	摄氏度（℃）	华氏度（℉）
超低火	120	250
低　火	150	300
中低火	160	325
中　火	180	350
中高火	200	400
高　火	220	425
超高火	240	475

致 谢

DK特此向索菲娅·杨、西蒙娜·阿奎利娜、阿曼达·契巴特和乔治亚·摩尔对这本书的帮助以及林迪·科恩提供的简介文本表示感谢。

悉尼的《澳大利亚妇女周刊》测试厨房开发、测试和拍摄了这本书中的食谱。